安徽现代农业职业教育集团
服务"三农"系列丛书

Huafei Shiyong Jishu

化肥施用技术

主　编　　陈世勇
副主编　　张　平
参　编　　朱　伟

北京师范大学出版集团
BEIJING NORMAL UNIVERSITY PUBLISHING GROUP
安徽大学出版社

图书在版编目(CIP)数据

化肥施用技术 / 陈世勇主编. —合肥:安徽大学出版社,2014.1
(安徽现代农业职业教育集团服务"三农"系列丛书)
ISBN 978-7-5664-0670-5

Ⅰ.①化… Ⅱ.①陈… Ⅲ.①化学肥料—施肥 Ⅳ.①S143

中国版本图书馆 CIP 数据核字(2013)第 302085 号

化肥施用技术

陈世勇　主编

出版发行:	北京师范大学出版集团 安 徽 大 学 出 版 社 (安徽省合肥市肥西路 3 号 邮编 230039) www.bnupg.com.cn www.ahupress.com.cn
印　　刷:	安徽省人民印刷有限公司
经　　销:	全国新华书店
开　　本:	148mm×210mm
印　　张:	5.25
字　　数:	146 千字
版　　次:	2014 年 1 月第 1 版
印　　次:	2014 年 1 月第 1 次印刷
定　　价:	12.00 元

ISBN 978-7-5664-0670-5

策划编辑:李　梅　武溪溪		装帧设计:李　军	
责任编辑:武溪溪		美术编辑:李　军	
责任校对:程中业		责任印制:赵明炎	

版权所有　侵权必究

反盗版、侵权举报电话:0551—65106311
外埠邮购电话:0551—65107716
本书如有印装质量问题,请与印制管理部联系调换。
印制管理部电话:0551—65106311

丛书编写领导组

组　长	程　艺
副组长	江　春　　周世其　　汪元宏　　陈士夫
	金春忠　　王林建　　程　鹏　　黄发友
	谢胜权　　赵　洪　　胡宝成　　马传喜
成　员	刘朝臣　　刘　正　　王佩刚　　袁　文
	储常连　　朱　彤　　齐建平　　梁仁枝
	朱长才　　高海根　　许维彬　　周光明
	赵荣凯　　肖扬书　　李炳银　　肖建荣
	彭光明　　王华君　　李立虎

丛书编委会

主　任	刘朝臣　　刘　正
成　员	王立克　　汪建飞　　李先保　　郭　亮
	金光明　　张子学　　朱礼龙　　梁继田
	李大好　　季幕寅　　王刘明　　汪桂生

丛书科学顾问

（按姓氏笔画排序）

王加启　　张宝玺　　肖世和　　陈继兰　　袁龙江　　储明星

序

解决"三农"问题,是农业现代化乃至工业化、信息化、城镇化建设中的重大课题。实现农业现代化,核心是加强农业职业教育,培养新型农民。当前,存在着农民"想致富缺技术,想学知识缺门路"的状况。为改变这个状况,现代农业职业教育必然要承载起重大的历史使命,着力加强农业科学技术的传播,努力完成培养农业科技人才这个长期的任务。农业科技图书是农业科技最广博、最直接、最有效的载体和媒介,是当前开展"农家书屋"建设的重要组成部分,是帮助农民致富和学习农业生产、经营、管理知识的有效手段。

安徽现代农业职业教育集团组建于2012年,由本科高校、高职院校、县(区)中等职业学校和农业企业、农业合作社等59家理事单位组成。在理事长单位安徽科技学院的牵头组织下,集团成员牢记使命,充分发掘自身在人才、技术、信息等方面的优势,以市场为导向、以资源为基础、以科技为支撑、以推广技术为手段,组织编写了这套服务"三农"系列丛书,全方位服务安徽"三农"发展。本套丛书是落实安徽现代农业职业教育集团服务"三农"、建设美好乡村的重要实践。丛书的编写更是凝聚了集体智慧和力量。承担丛书编写工作的专家,均来自集团成员单位内教学、科研、技术推广一线,具有丰富的农业科技知识和长期指导农业生产实践的经验。

化肥施用技术

丛书首批共22册，涵盖了农民群众最关心、最需要、最实用的各类农业科技知识。我们殚精竭虑，以新理念、新技术、新政策、新内容，以及丰富的内容、生动的案例、通俗的语言、新颖的编排，为广大农民奉献了一套易懂好用、图文并茂、特色鲜明的知识丛书。

深信本套丛书必将为普及现代农业科技、指导农民解决实际问题、促进农民持续增收、加快新农村建设步伐发挥重要作用，将是奉献给广大农民的科技大餐和精神盛宴，也是推进安徽省农业全面转型和实现农业现代化的加速器和助推器。

当然，这只是一个开端，探索和努力还将继续。

安徽现代农业职业教育集团
2013年11月

前 言

农业生产是人类最重要的生产活动。现代人类的一切活动都是在现代农业生产基础之上进行的。农业产系统实质上是一个能量转换系统——将太阳能转化成可以利用的生物能,农作物则是能量的转化者。农作物转化太阳能是在作物自身的生长发育过程中逐步完成的,需要水分、养分、空气、能量等。养分是作物生长发育重要的物质基础之一。农作物需要的养分主要是通过根系从土壤中吸收的,当土壤中的养分供应不能满足作物高产需要时,就需要施用肥料。

肥料分为有机肥料、化学肥料和生物肥料等类型。有机肥料因其供肥强度低、很难满足作物高产的需要而常被作为培肥地力的肥料。化学肥料是近现代对农业生产影响最为显著的肥料。在未来的农业生产中,生物肥料则有可能与化学肥料共同保障农业生产的发展。

1840年,德国科学家李比希提出植物营养的矿物质营养学说,为化学肥料的应用奠定了科学的理论基础,人们开始大规模研究和应用化学肥料(简称"化肥")。100多年的研究与实践证明,化学肥料在促进农业生产的发展、满足人类对农产品的需求等方面发挥了重要作用。化学肥料因养分含量高、用量省、施用广泛、施用效果好等而成为目前农业生产中普遍施用的肥料类型。现代农业生产越来越多地依赖于化肥的生产与供应,没有化肥就没有现代农业。种庄

化肥施用技术

稻不能施用化肥的观点是片面的,这种观点不仅不符合基本科学规律,也不利于农业生产的发展。

化肥的施用也面临着农产品产量不高、农产品品质不良、农业经济效益降低、资源供应不足、环境污染严重等问题。这些问题归根结底是肥料施用方法的问题,是由施肥方法不科学造成的,并不是肥料本身的问题。只要坚持正确的理论指导,合理施用化学肥料,就可以充分发挥化肥的有效作用,降低化肥施用的风险。

为了使广大农民朋友正确认识、合理使用肥料,促进农业持续不断地发展,实现农业高产优质、资源高效、环境友好的目标,我们编写了本书。本书以普及科学技术、促进农业科技发展为目的,以对农业生产具有重要影响的化学肥料为对象,重点介绍各种化学肥料的成分、性质和施用方法,以期为农民朋友合理使用化学肥料提供帮助。

编者力图以通俗易懂的语言阐述科学施肥的原理和技术,由于编写水平有限,书中难免有不足之处,恳请读者提出宝贵意见。

编　者
2013 年 11 月

目 录

第一章 化学肥料的特性 …………………………………… 1
  一、化学肥料和有机肥料的比较 ………………………… 1
  二、化学肥料的供肥特性 ………………………………… 2

第二章 氮肥 ………………………………………………… 5
  一、常用氮肥种类及其性质 ……………………………… 5
  二、植物缺氮的主要症状 ………………………………… 13
  三、氮肥的合理施用 ……………………………………… 15
  四、施用化学氮肥使土壤酸化板结的原因及治理对策 …… 27

第三章 磷肥 ………………………………………………… 30
  一、常用磷肥种类及其性质 ……………………………… 30
  二、植物缺磷的主要症状 ………………………………… 35
  三、磷肥的合理施用 ……………………………………… 37

第四章 钾肥 ………………………………………………… 47
  一、常用钾肥种类及其性质 ……………………………… 47
  二、植物缺钾的主要症状 ………………………………… 51
  三、钾肥的合理施用 ……………………………………… 53

第五章　钙镁硫肥 …… 62

一、钙肥 …… 62
二、镁肥 …… 66
三、硫肥 …… 70

第六章　微量元素肥料 …… 73

一、微量元素肥料的重要性 …… 73
二、各种微肥的增产效果 …… 74
三、作物缺乏微量元素的主要原因 …… 79
四、微量元素缺乏的土壤条件 …… 81
五、微量元素的评价标准 …… 85
六、微量元素缺乏的诊断 …… 87
七、常用微肥种类、性质、施用方法与用量 …… 92

第七章　复合肥料 …… 98

一、复合肥料的类型 …… 98
二、复合肥料的优缺点 …… 99
三、科学选用复合肥料 …… 99
四、复合肥料的施用方法及用量 …… 101

第八章　化学肥料的简易识别方法 …… 104

一、直观法 …… 104
二、溶解法 …… 107
三、灼烧法 …… 110

第九章　肥料的贮存和混合 …… 113

一、肥料的贮存 …… 113

二、肥料的合理保管 ·· 115
　　三、肥料的混合施用 ·· 116

第十章　配方施肥技术 ·· 120
　　一、测土配方施肥的概念 ·· 120
　　二、配方施肥的意义和内容 ······································ 121
　　三、测土配方施肥的原理 ·· 122
　　四、配方施肥技术原则 ·· 125
　　五、配方施肥的基本技术 ·· 126
　　六、配方施肥中的若干参数 ······································ 128
　　七、实施测土配方施肥的步骤 ···································· 130
　　八、肥料效应田间试验 ·· 132
　　九、田间基本情况调查 ·· 140
　　十、配方肥料合理施用 ·· 141
　　十一、开展配方施肥典型实例 ···································· 142

附录 ·· 149
　　一、植物营养元素缺乏症检索简表 ································ 149
　　二、植物营养元素缺乏症与过剩症易发现部位示意图 ·············· 150
　　三、配方施肥建议卡参考式样 ···································· 151
　　四、测土配方施肥土样采集标签 ·································· 152
　　五、主要作物养分含量表 ·· 153
　　六、主要作物单位产量养分吸收量 ································ 154

参考文献 ·· 155

第一章 化学肥料的特性

一、化学肥料和有机肥料的比较

1. 化学肥料的基本特性

工厂使用化学和(或)物理方法制成的含有一种或几种农作物生长必需营养元素的肥料称为"化学肥料",简称"化肥",也称"矿质肥料"。

化肥有以下几个基本特性。

(1) 以无机物质(矿物质)为主 化学肥料的成分一般以无机物质(矿物质)为主。

(2) 养分比较单一 通常只含有一种或几种农作物生长发育所必需的营养元素。

(3) 养分含量相对较高 养分含量一般都在10%以上,最高的超过80%。

(4) 溶解性好 化肥多数为水溶性或弱酸溶性化合物,属于速效性营养物质,能直接被根或叶面吸收。

(5) 性质不稳定 环境条件不稳定时,肥料成分和性质会发生明显变化。

2. 有机肥料的基本特性

有机肥料是指来源于植物和(或)动物、施于土壤、以提供植物养分为主要功效的含碳物料,一般由动物、植物的残体或排泄物制成。

有机肥料有以下几个基本特性。

(1)含有大量有机质 有机肥料含有大量的有机质,其中很多养分以有机态形式存在。

(2)含有多种养分 有机肥料含有多种养分,所含养分全面均衡,且含有一定数量的有机营养物质及生物活性物质。

(3)养分含量低 有机肥料中养分含量低,需要大量施用。有机肥料往往含有一定水分,体积大,运输和施用没有化肥方便。

(4)含有大量微生物 有机肥料中含有大量的微生物,可以促进土壤中有机物质的转化,有利于土壤肥力的不断提高。

3. 有机肥料和化学肥料基本特性比较

常用有机肥料和化学肥料基本特性比较见表1-1。

表1-1 常用有机肥料和化学肥料的基本特性比较

肥料特性	有机肥料	化学肥料
肥料种类	多	多
有机质含量	多	无
养分	全面,但含量较低	较单一,但含量高
微生物	多	无

二、化学肥料的供肥特性

1. 化学肥料的供肥特性

化学肥料根据其所具有的特性,在供肥上往往具有以下几个特点。

第一章 化学肥料的特性

(1)**肥效单一** 化学肥料提供的营养元素种类少,若不能根据土壤养分含量状况配合多种化学肥料施用,则施肥的效果将受到很大影响。

(2)**肥效迅速、供肥强度大** 作物吸收的养分,主要是根从土壤溶液中吸收的可溶性养分,而且99%以上的养分是离子态养分。这就是说,作物所吸收的养分必须能溶解于水,呈离子态,才能及时地被作物所利用。所有化肥中的养分一般都为水溶性或弱酸溶性,施用后可立即溶解或在一定时间内转化为水溶态存在于土壤溶液中,被作物吸收利用。由于其肥效迅速、供肥强度大,所以可以在短期内满足作物对养分的需求,这对关键时期的施肥非常重要。在作物生长发育期间,有两个施肥关键期,一是营养临界期,二是最大效率期。营养临界期一般在苗期(三叶期)和花芽形成时期,此期需肥量不大,但不能缺肥,而且养分比例必须适当,不然对作物生长和产量形成影响很大。最大效率期通常是作物生长最快的时期,需肥量很大,在同等条件下,在此期施肥增产效果最好。

(3)**肥效持续时间短** 施用化肥后,大量的有效养分很快被作物吸收,不能及时被吸收的则有可能通过某种途径(如挥发、流失、沉淀等)从土壤溶液中消失,失去肥效。土壤中失去的养分会进入生态环境中,长期如此会造成环境污染。

(4)**对土壤性状影响明显** 化肥施入土壤后,在一定程度上能按要求改变或调控土壤中某种营养元素的浓度,改变土壤中各种形态养分原有的比例,同时也可能影响土壤的某些理化性质,如pH等。这些都会促使土壤发生明显的养分转化,从而导致土壤肥力发生变化。化肥的主要作用是供给作物矿物质营养,而培肥土壤的作用较弱,很多化肥中含有副成分(与有效养分伴生而作物又不需要的成分),长期施用可能会给土壤带来不良影响。

总体来看,化肥对提高作物产量和品质有重要作用,但化肥仅能给作物提供矿质营养,一般无培肥作用。在化肥储存、运输、二次加工与施用等环节中对操作都有一定的要求,若处理不当,有可能使肥料本身的理化性状变差、养分损失或有效性降低,并导致农作物减产。

2.化学肥料和有机肥料的肥效特性比较

化学肥料和有机肥料的肥效特性比较见表1-2。

表1-2 化学肥料和有机肥料的肥效特性比较

序号	化学肥料	有机肥料
1	成分单一,养分不全面,常含有副成分,部分肥料含有害成分。	养分全面,既有无机成分又有有机成分和激素等,熟化后一般无有害成分。
2	养分浓度高,有速效性,但易流失、挥发和被土壤固定,肥效不持久。	养分浓度低,肥效缓而小,养分不易损失。
3	一般不含有机物。	富含有机物,经微生物转化分解后,变为植物可利用的养分。
4	在土壤中以水溶性、代换性状态存在,能被植物直接吸收利用。	须经过一系列的转化分解,如细菌化、腐殖化、矿质化和无害化,转为植物可吸收利用的养分形态。
5	单施容易造成土壤酸化板结,破坏土壤结构,降低土壤保肥能力。	能改变土壤结构,有利于形成良好的土壤结构,从而提高土壤保肥、供肥能力。
6	肥效有浓度高、快而及时的特点,能适应高产量、高水平农业发展的需要。	肥效有浓度低、缓而小的特点,只能满足稳而低的生产水平。
7	单施会降低土壤有机质含量,但从物质循环角度来看,却能提高有机质的循环。	单一有机质的循环为封闭式,每循环一次降低土壤有机量 $1/3\sim1/2$,人粪尿几乎不能增加土壤有机量,最终降低了有机质循环的物质基础。
8	通过配合和混配施用,可满足作物高效、高强度、临界营养期等的需要,能充分发挥肥料供肥的针对性、需要性、合理性等特点。	低浓度时养分平衡,但不能适应作物各营养期的特殊需肥。
9	化肥通过组合能产生附加效应、联应效应、综合效应等。	对土壤微生物可引起起爆效应,即加入新鲜有机质可引起土壤原有机质的快速分解。
10	须根据土壤、作物和不同生育期采取不同的施肥方式,如专用型肥料叶面施肥技术等。	不适合对特定土壤和作物施肥,一般只适宜作基肥或早期追肥。

第二章 氮 肥

一、常用氮肥种类及其性质

1. 尿素

尿素是一种高浓度速效氮肥,既可以直接施用,也可以用于生产多种复合肥料,在畜牧业中还可用作反刍动物的饲料,是现在农业生产中用量最大的氮肥品种。尿素在土壤中不残留有害物质,一般长期施用对土壤没有不良影响。尿素有吸湿性,通常在尿素生产过程中加入疏水物质并造粒,可降低吸湿性,改良物理性状。尿素在造粒中温度过高会产生少量缩二脲,又称"双缩脲",该物质对作物生长有抑制作用。我国规定,用作肥料的尿素中缩二脲含量应小于 1.5%。缩二脲含量超过 0.5% 的尿素,不能用作种肥、苗肥和叶面肥。

(1)尿素的成分　尿素为人工合成的有机态氮肥,化学成分为 $CO(NH_2)_2$,含氮量在 46% 以上。尿素是含氮量最高的固体氮肥。

(2)尿素的性质　尿素为白色颗粒,粒径为 1~2 毫米。因尿素具有吸湿性,当空气中的相对湿度大于其吸湿点(临界相对湿度)时,尿素就会因吸收空气中的水分而潮解。尿素易溶于水,20℃时溶解度为 105 克,溶解度较大。

化肥施用技术

尿素施入土壤后,会溶解成为中性有机小分子物质,不带电荷,不易被土壤吸附,移动性较强,易随水流失。所以,施用尿素后不应立即大量灌水。而尿素在充分溶解后,其分子可与土壤胶体以氢键方式结合在一起,从而避免流失。

作物能够直接吸收尿素,但数量不多。尿素需要转化成碳酸铵后才能被作物大量吸收,所以它的肥效不及铵态或硝态氮肥快,但尿素仍然属于速效肥,因为它转化为碳酸铵的时间不长。土壤中的尿素在微生物分泌的脲酶的作用下转化为碳酸铵,碳酸铵可进一步分解成为氨、二氧化碳和水。尿素分解的快慢取决于脲酶的活性,即微生物的活性。微生物的活性随温度升高而增强,所以尿素在夏季一般1~2天可全部分解完成,在冬季则需要1周左右的时间。尿素分解过快,会造成酰胺态氮转化为氨而损失。

尿素与碱性物质接触会导致氮素损失。因此在偏碱性的土壤上施用尿素时,可能发生氨挥发损失,损失量占施入量的12%~50%。

(3)尿素的贮运 尿素在贮运过程中,要防止受潮,以免养分损失。同时,尿素也不能与碱性物质混合存放。

(4)尿素的施用 尿素适宜于多种作物和各种土壤,可作基肥和追肥施用,但一般不宜作种肥和幼苗期肥施用。首先,尿素本身具有一定的生物毒性,施用过多会影响种子发芽和幼苗生长。其次,尿素含有一定量的缩二脲。缩二脲是一种渗透活性物质,达到一定含量时会引起种子细胞脱水,对作物幼根、幼芽有抑制作用。第三,尿素在土壤里的分解过程中,会产生较高浓度的氨,容易烧种、烧苗。禾谷类作物用尿素作种肥,往往具有较好的增产效果。若用尿素作种肥,应使尿素与种子隔开2~3厘米,可以有效防止烧种、烧苗。或者将尿素与细土混合后施在种子下面,尽量不让尿素与种子接触。

尿素作根外追肥(叶面喷施)的效果比其他氮肥好。尿素作根外追肥的浓度一般对作物为1%,对秧苗为0.5%。在早上或傍晚喷施尿素效果较好。

尿素施用不当会造成养分的损失,水田要注意深施在 5 厘米以下土层中(撒后耘田基本上可以做到),旱地要注意深施覆土。

施用尿素作追肥时要考虑尿素在土壤中的转化过程。一般来说,尿素在土壤中的转化速度在温度高时比温度低时快;在旱地中比在水田中快;在黏土中比在砂土中快;在中性、石灰性土壤中比在酸性土壤中快;与有机肥配合施用时比不与有机肥配合施用时快。由于尿素在土壤中有一个转化过程,所以尿素应比其他氮肥早施几天。

尿素作基肥时,一般大田作物每亩①施用 15～20 千克。为防止尿素及其转化产物和缩二脲的毒害,施用尿素时不宜用量过多或过于集中。

2. 碳酸氢铵

碳酸氢铵简称"碳铵",是 20 世纪 50 年代以来在我国发展较快的一种氮肥。1978—1987 年,碳酸氢铵占我国农业氮肥用量的 54%～58%,进入 20 世纪 90 年代后仍占 48%～52%,是一个主要的氮肥品种。

(1)碳酸氢铵的成分 碳酸氢铵的化学成分为 NH_4HCO_3,含氮量为 17% 左右。

(2)碳酸氢铵的性质 碳酸氢铵是一种白色或浅白色的细小结晶,容易溶解于水,有碱性。碳酸氢铵有较强的吸湿性,吸湿后结成大块。碳酸氢铵不稳定,吸湿后易分解成氨并挥发损失,因此,碳酸氢铵有强烈的刺激性气味。碳酸氢铵与碱性物质接触、混合,会发生分解,并导致氮素挥发损失。碳酸氢铵是速效性氮肥。

(3)碳酸氢铵的贮运 碳酸氢铵在贮运过程中要防止氮素的挥发损失。干燥的碳酸氢铵在常温下(20℃以下)保存不会造成肥料养分的损失,但在一定条件下能分解生成氨、二氧化碳和水,造成氮素

---

① 1 亩约等于 667 米^2。

的损失。碳酸氢铵分解挥发的速度与温度和水分含量有关。温度越高,分解越快;碳酸氢铵在空气中的接触面积越大,损失也就越大。

防止碳酸氢铵氮素损失的有效措施是防止包装塑料袋破损并保持干燥。在保存过程中,如果发现包装袋破损,应及时更换或修补,尽量减少肥料与空气的接触面积。

(4)碳酸氢铵的施用 碳酸氢铵宜作基肥和追肥施用,不宜作种肥或秧田肥施用。若特殊情况下用作种肥,需特别注意不能与种子直接接触,否则易烧种。无论在水田还是旱地,均宜深施(6~10厘米以下),施后立即覆土,防止氨的挥发。

碳酸氢铵的施用时间:选择在低温季节或一天中的早晚时间段施用,可明显减少挥发,提高肥效。对于一年生的大田作物,应尽量在早春低温时将碳酸氢铵作基肥施用。果树、蔬菜等可在早春、深秋及冬季施用,这样碳酸氢铵的肥效较高,经济效益显著。

一些地方有用碳酸氢铵作为水稻追肥施用的习惯。需要注意,对水稻追施碳酸氢铵要在稻叶上的露水干后才能撒施,否则碳酸氢铵沾在叶片上会灼伤叶片。另外,在追施碳酸氢铵时田里要有浅水层(2~3厘米深),施后立即耘耙,可使肥料被土壤吸收;如田里没有水或水层太浅,稻叶易被挥发的氨气熏伤变黄,出现这种情况时应立即灌水。

将碳酸氢铵制成球肥深施,是提高水稻肥效的有效措施。据试验,碳酸氢铵作水稻、麦类追肥时,撒施的利用率分别是 24%~31%和 33%左右,而制成球肥深施的利用率均为 55%~79%;试验还表明,在每亩施15~30千克碳酸氢铵的条件下,与表施相比,球肥深施可使水稻增产16.1%~28.5%。用碳酸氢铵制成球肥深施,使碳酸氢铵与土壤的接触面较少,从而减少了土壤对铵的固定。同时,将碳酸氢铵施到水田耕作层深处,可大大减少氨的挥发和其他化学作用所造成的氮素损失。

碳酸氢铵球肥的制作与施用的过程如下。把碳酸氢铵与泥炭、泥炭土或肥泥及腐熟有机肥混合制成球状,再施到水田耕作层深处。制作时加入磷肥等物质的比例大致是:碳酸氢铵:过磷酸钙:泥炭土(肥泥)=6:3:8。然后用水调匀,压成重10~15克的卵圆形球,随制随用,不要放置过久,否则易造成氨的挥发。一般在水稻插秧后返青时施用,在水稻的窄行每4株间压入一颗碳酸氢铵球肥,深度一般为6~10厘米。

碳酸氢铵与其他肥料混合施用时应注意以下问题。碳酸氢铵不能与钙镁磷肥或草木灰混合,因为后两种肥料都是碱性的,混合后会加速碳酸氢铵分解为氨并挥发。碳酸氢铵也不宜与氯化钾混合放置过久,因为氯化钾吸湿性大,碳酸氢铵在潮湿的条件下容易分解而加速氨的挥发。碳酸氢铵可以与过磷酸钙混合,因为过磷酸钙是酸性的,而且二者混合后有部分转变为磷酸铵,可减少氨的挥发。但是如果过磷酸钙含酸较高,则容易吸湿,混合后堆放过久也会有氨的挥发,所以混合后应尽快施用。

总之,碳酸氢铵施用要掌握"一不离土,二不离水"的基本原则,做到"五不施",即不拌细土不施、有露水不施、下雨天不施、田内无寸水不施、烈日当空不施。

3. 硝酸铵

硝酸铵简称"硝铵",是世界上主要的氮肥品种之一,是既含有铵态氮又含有硝态氮的一种氮肥。

(1)硝酸铵的成分　硝酸铵的化学分子式为NH_4NO_3,含氮量为34%左右,硝态氮、铵态氮各占一半。

(2)硝酸铵的性质　硝酸铵为白色或淡黄色的结晶细粒,极易溶于水,有较强的吸湿性;在一般条件下就能吸湿,在温度较高、湿度较大的情况下,则严重吸湿,甚至完全溶化而流失,温度越高,硝酸铵吸湿性越强;当空气干燥时,又会因失去水分而结块。

硝酸铵具有助燃性和爆炸性,因为硝酸铵具有热不稳定性,当受热或摩擦发热时,可逐渐分解释放出氨,当温度高于230℃时,分解急剧,体积骤增,在瞬间释放能量而发生爆炸。由于爆炸后放出大量的氧,因而常常引起剧烈的燃烧。当硝酸铵中有机物含量增加或混入了钠、锌、铜等金属粉末时,爆炸的危险性急剧增加。

硝酸铵施于土壤中后,会分解成两种养分形态,一部分可以被土壤胶体吸附,养分不易流失;另一部分不易被土壤吸附,移动性较大,养分容易流失。在水田中施用硝酸铵会导致部分氮素养分的不良反应,使氮素损失。

硝酸铵遇碱后会分解,能放出氨而使养分损失。

(3)**硝酸铵的贮运** 在硝酸铵贮运过程中要注意防潮、防火,切忌与易燃物质混运混存,特别不能混入铜、铝等金属物质,否则很容易引起爆炸。在硝酸铵结块后也不可用金属棒敲碎,只能用木棒敲碎或用水溶解后施用。

(4)**硝酸铵的施用** 硝酸铵适宜施于旱地,不宜施于水田,施于水田容易引起氮肥的流失。所以水田施用硝酸铵的效果不及其他铵态氮肥,肥效只有硫酸铵的50%~70%。硝酸铵宜作追肥不宜作基肥。硝酸铵适宜施于多种作物,在烟草上施用效果更好;如用硝酸铵作基肥,不能过早施下,应在播种或移植前施用。

在施用硝酸铵时,每次用量不宜过多,一般每亩用量为12~15千克,可分次施用。由于每次用量少,不易均匀施肥,可将硝酸铵与3~4倍干细土拌匀后施用。

硝酸铵作追肥施用时,应将肥料深施到土壤耕层10厘米左右。也可以将硝酸铵兑水作为烟草、蔬菜等作物的提苗肥,肥料浓度为5%左右。

4.硫酸铵

硫酸铵简称"硫铵",是我国使用最早的一种氮肥,曾经是我国的标准氮肥。由于制造这种氮肥需要耗费大量的硫酸,长期施用会使土壤性质变坏,所以当前硫酸铵的生产已经大大减少,大多是钢铁、石油化工的副产品。

(1)硫酸铵的成分 硫酸铵的化学分子式为$(NH_4)_2SO_4$,含氮量为20%~21%,还含有0.2%~0.5%的游离酸及其他杂质。

(2)硫酸铵的性质 由合成氨制成的硫酸铵化肥产品为白色结晶。化工副产品的硫酸铵因含有杂质而为有色结晶,如炼焦厂的副产品常为青绿色,石油化工的副产品常为棕色。硫酸铵吸湿性弱,易溶于水,水溶液呈酸性。硫酸铵不能与石灰、草木灰等碱性物质混合,否则,即使在常温下也会引起养分损失。

硫酸铵施于土壤后会发生一些化学变化,结果是硫酸铵被分解为氮素养分和硫酸根离子,其中氮素养分被土壤胶体吸附,也能被作物吸收,而硫酸根离子被留在土壤中,导致土壤酸度增加。因此,在酸性土壤上不宜长期施用硫酸铵。

在中性和石灰性土壤中,长期大量施用硫酸铵会形成较多的硫酸钙沉淀。由于硫酸钙溶解度小,易形成沉淀并堵塞土壤孔隙,从而破坏土壤结构,引起土壤板结,使土壤的宜耕性变差。如要克服这些缺点,必须配合施用有机肥料。在碱性较强的土壤上施用硫酸铵容易发生氨的挥发损失。

(3)硫酸铵的贮运 硫酸铵在贮运中,要求包装完好、密封,不可与碱性物质混存。

(4)硫酸铵的施用 硫酸铵可作基肥、追肥、种肥和根外追肥施用。硫酸铵作种肥施用时,对种子萌发和幼苗生长产生的影响比其他种类的氮肥小,但是用量不宜过大。硫酸铵的施用要求深施覆土。在酸性土壤上施用硫酸铵,应配合有机肥和石灰施用,便于中和酸性、补充钙素和增强土壤的缓冲能力。在石灰性土壤上施用时应深施和立即盖土,否则会因氨的挥发而造成氮素的大量损失。

5. 氯化铵

氯化铵简称"氯铵",是一种重要的氮肥。氯化铵的生产方法有联合碱法、液相直接中和法、复分解法等。有的氯化铵是化工生产中的副产品。

(1)氯化铵的成分 氯化铵的含氮量为24%~26%。

(2)氯化铵的性质 氯化铵为白色或略带浅黄色的细结晶,易溶于水,肥效迅速,吸湿性比硫酸铵大,但比硝酸铵小得多。氯化铵不能与碱性物质混合,否则即使在常温下也会引起养分损失。氯化铵施于土壤后会发生一些化学变化,结果是氯化铵被分解为氮素养分和氯离子,其中氮素养分被土壤胶体吸附,也可能被作物吸收。而氯离子被留在土壤中,导致土壤酸度增加。因此,在酸性土壤上施用氯化铵时,应配合施用石灰。在中性和石灰性土壤中长期大量施用氯化铵,会形成较多的氯化钙沉淀,对土壤结构不利,使土壤的宜耕性变差。在碱性较强的土壤上施用氯化铵容易发生氨的挥发损失。

(3)氯化铵的贮运 氯化铵在贮运中,要求包装完好、密封,不可与碱性物质混存。

(4)氯化铵的施用 氯化铵可作为基肥和追肥施用,在旱地和水田都可以施用,但以在水田中施用的效果为好,可优先施用在水田中。

氯化铵不宜作种肥和幼苗肥,因为它的渗透压大,又含有很多氯离子,会影响种子发芽和造成"烧苗"现象。

氯化铵含有大量的氯离子,不宜施于红薯、马铃薯、甘蔗、西瓜、葡萄、柑橘、烟草等忌氯作物,否则影响其品质。氯离子过多会影响作物对磷的吸收,从而影响糖分的运输与淀粉的形成,使淀粉和含糖量降低。过多的氯离子会降低烟草的燃烧性,影响卷烟的质量。

在酸性土壤上施用氯化铵时,应配合有机肥和石灰施用,以便中和酸性、补充钙素和增强土壤的缓冲能力。在石灰性土壤上施用氯

第二章 氮肥

化铵时应深施和立即盖土,否则会因氨的挥发而造成氮素的大量损失。

二、植物缺氮的主要症状

各种作物缺氮的外观症状有一定差异,比较一致的症状表现为:植株矮小、瘦弱、直立,叶片呈浅绿色或黄绿色;失绿叶片色泽均一,一般不出现斑点或花斑,叶细而直;缺氮症状从下而上扩展,严重时下部叶片枯黄早落;根系少,细长;侧芽休眠,花和果实量少,种子小而不充实,成熟期提前,产量下降。作物缺氮症状从外观上容易看出,最明显的是叶色淡,叶片边缘发黄,某些作物(如番茄、烟草等)叶片呈紫红色。作物出现早衰,其次是叶片薄而小,作物穗小、籽粒不饱满,植株矮小。禾本科作物表现为分蘖少,双子叶植物表现为分枝少。氮素在作物体内能被再度利用,即在缺氮时能将老叶中的蛋白质分解,释放出氮素供幼嫩叶利用。因此,作物缺氮时下部叶片先黄化,逐渐向上部叶片扩展,这些可作为判别缺氮的显著特征之一。

主要作物缺氮症状如下:

小麦缺氮时表现为叶片短、窄,茎部叶片先发黄。植株瘦小、直立,分蘖少或无分蘖,穗小粒少。

玉米缺氮时表现为植株矮小,茎细弱,生长缓慢,叶片由下而上失绿黄化,症状从叶尖沿中脉向基部扩展,先黄后枯。

棉花缺氮时表现为植株矮小,叶片由下至上逐渐变黄,幼叶为黄绿色,中下部叶片为黄色,下部老叶为红色,叶柄和基部茎秆为暗红色或红色,果枝少,结铃小。

花生缺氮时表现为叶片呈淡黄色至几乎白色,茎发红,根瘤很少。

大豆缺氮时表现为叶片出现青铜色斑块,逐渐变黄而干枯,生长缓慢,基部叶片先脱落,茎瘦弱,花荚稀少。

水稻缺氮时表现为植株瘦小、直立,分蘖少,叶片小,呈黄绿色,

化肥施用技术

从叶尖沿中脉扩展到全部叶片,下部叶片首先发黄焦枯,穗小而短。

甘薯缺氮时表现为基部叶的边缘呈红色或紫色,叶柄短,易脱落,蔓细长,稀疏,薯块小,纤维多。

马铃薯缺氮时表现为叶片小,呈淡绿色至黄绿色,中下部小叶边缘褪色,呈淡黄色,向上卷曲,提早脱落。植株矮小,茎细长,分枝少,生长直立。

油菜缺氮时表现为植株矮小瘦弱,分枝少,叶片小而苍老,叶色从幼叶至老叶依次均匀失绿,由淡绿色变为淡绿带黄色,以致最后呈淡红带黄色。

烟草缺氮时表现为生长缓慢,幼叶叶色淡绿,中下部叶片变黄,并逐渐干枯脱落,叶向上竖立,与茎形成的夹角较小。

大白菜缺氮时生长缓慢,植株矮小,叶片小而薄,叶色发黄,茎部细长。包心期缺氮时,叶球不充实,叶片纤维增加,品质降低。

番茄缺氮时表现为植株瘦弱,叶色为淡绿色或黄色,叶小而薄,叶脉由黄绿色变为深紫色,茎秆变硬并呈深紫色。花蕾变为黄色,易脱落,果小而少。

黄瓜缺氮时表现为植株矮化,叶片呈黄绿色,严重时叶片呈浅黄色,全株呈黄白色,茎细而脆。果实细短,呈亮黄色或灰绿色,多刺,果蒂呈浅黄色或果实畸形。

洋葱缺氮时表现为叶少而窄,叶片为浅绿色,叶尖呈牛皮色,逐渐全叶呈牛皮色。

苹果缺氮时表现为叶小,呈淡绿色,较老叶片为橙色、红色或紫色,早期落叶;叶柄与新梢夹角变小;新梢为褐色至红色,短而细;花芽和花减少,果实小且高度着色。

杏缺氮时表现为叶片呈淡黄绿色且小;营养枝短而细,花多,果小,产量低。

桃缺氮时表现为枝梢顶端叶片呈淡黄绿色,基部叶片呈红黄色,呈现红色、褐色和坏死斑点,叶片早期脱落。枝梢细尖、短、硬,皮部呈淡褐红色至淡紫红色。

三、氮肥的合理施用

1. 合理施用氮肥的基本原则

合理施用氮肥的目的在于减少氮素的损失，提高氮肥利用率，充分发挥氮肥的增产功效。合理施用氮肥应遵循以下原则：根据土壤条件施肥、根据作物需要施肥、根据肥料性质施肥、提倡肥料配合施用、掌握适当的氮肥用量、采用正确的施肥方法。

2. 土壤条件与氮肥施用

对于一般石灰性土壤或碱性土壤，可以选施酸性或生理酸性的氮肥，如硫酸铵、氯化铵。这些肥料除了能中和土壤碱性外，在碱性条件下它们也比较容易被作物吸收。而在酸性土壤上，可选施碱性或生理碱性氮肥，如硝酸钠、硝酸钙、硝酸铵钙等。它们一方面可降低土壤酸性，另一方面在酸性条件下容易被作物吸收。在肥沃的土壤上施氮量宜少，在保肥能力强的土壤上施肥次数宜少；反之，施氮量则应适当增加，且分多次施用。

3. 作物营养特性与氮肥施用

各种作物对施氮量的要求是不一样的，如水稻、玉米、小麦等作物需要的氮肥较多，叶菜类蔬菜等需氮肥更多，而豆科作物因有根瘤固定空气中的氮素，故对氮肥需要较少。不同作物对氮肥种类的反应也不同。如水稻宜施用铵态氮肥，尤以氯化铵、碳酸氢铵和尿素效果好，而硫酸铵虽然也是铵态氮肥，但它在水中常还原生成硫化氢，妨碍水稻根的生长和养分吸收。对萝卜施用铵态氮肥会抑制其生长。马铃薯也是以施用铵态氮肥为好，尤其是硫酸铵，因为硫对马铃薯生长有利。忌氯作物如烟草、淀粉类作物、葡萄等应少施或不施氯化铵。对烟草施用硝酸铵较好,它能改善烟叶品质。对多数蔬菜施用硝态氮肥效果好。

在作物不同生育期施氮肥的效果也不一样。在作物生长发育的关键时期进行施肥,增产作用显著。如玉米在抽穗开花前后需养分最多,因此在玉米大喇叭口期追施氮肥能获得显著增产。考虑作物不同生育期对养分的要求,掌握适宜的施肥时期和施肥量,是经济有效施用氮肥的关键。

氮肥在不同作物、土壤中的肥效差异很大,每千克氮有的能增产粮食 10 千克以上,有的增产不足 5 千克;氮肥对作物品质和土壤肥力的影响也不同。

4. 氮肥种类的合理分配与施用

氮素化肥有三种形态:一是硝态氮,如硝酸铵、硝酸钾等;二是铵态氮,如碳酸氢铵、硫酸铵等;三是酰胺态氮,如尿素。硝酸铵既是硝态氮又是铵态氮。不同形态的氮肥在土壤中的反应不同,因此施用时要注意氮肥形态上的差异。硝态氮肥中的氮素以硝酸态氮的形式存在,在土壤中不能被土壤胶体保持,流动性较大,很容易随水分的移动而产生淋失,因此硝态氮肥的肥效快,时间短,宜作旱地追肥。

铵态氮肥中的氮素以铵态养分形式存在,能被土壤胶体吸附,因而不易产生淋失,肥效维持的时间比硝态氮肥长。但铵态氮肥遇到碱性物质会发生氮素的挥发损失。

氮肥施用中存在的主要问题是氮素的挥发和淋溶损失。

减少氮素损失的施肥方法是深施覆土和适时施肥。

下表是近年来各地 196 个试验结果。结果表明不同种类的氮肥只要使用得当,每单位养分的肥效除碳酸氢铵偏低外,其余较接近。但由于氮肥性质不同,有的种类分配到适宜的作物、土壤上,其效果会更佳。

第二章 氮肥

表 2-1　不同氮肥对不同作物肥效相对比较　　　　单位：%

作物	尿素	氯化铵	碳酸氢铵	硝酸铵	硫酸铵
小麦	100	103	93	100	101
玉米	100	101	95	108	100
水稻	100	101	95	80	103
棉花	100	100	83	105	—
油菜	100	95	90	102	—

(1) **尿素、碳酸氢铵和硫酸铵**　这三种化肥适用于多种作物和土壤。碳酸氢铵挥发性强，应重点分配作底肥，尿素、硫酸铵等多作追肥。硫酸铵是生理酸性肥料，在酸性土壤中长期施用会加重土壤酸度，应注意增施石灰；硫酸铵多分配到缺硫的地块或喜硫的作物，如大豆、蚕豆、菜豆、花生、油菜、烟草等作物。

(2) **氯化铵**　氯化铵在土壤中会残留氯离子，不宜分配到盐碱地、干旱或排水不良的地区；氯离子多会影响烟草的燃烧性，易造成卷烟熄灭，对烟草不宜施用氯化铵；茶叶、葡萄、西瓜、柑橘、甜菜、甘蔗、大豆、四季豆等抗氯性能较弱的作物，要控制氯化铵的施用量或避开作物对氮敏感的生长期，尤其是苗期。

氯化铵施用较多时，有时肥效较好，但可能影响产品品质。例如，氯化铵不利于糖转化为淀粉，会使块根和块茎作物的淀粉含量降低；氯离子会促进碳水化合物的水解，会降低西瓜、甜菜、葡萄等的含糖量。氯化铵适宜在雨水多、排灌条件好的地块施用。氯离子对硝化细菌有抑制作用，能减少氮素淋溶、挥发。所以，氯化铵在南方抗氯性能较强的水稻上施用时，其肥效往往稍好于其他氮素化肥。

(3) **硝酸铵**　硝酸铵的重点分配地区是北方旱地。原因是该地区土壤通气性好，雨量不大，深施后氮素损失少；硝态氮在土壤中的移动速度比铵态氮大5~10倍，更易被作物吸收。所以，在旱地或寒冷的地区，硝酸铵的肥效比尿素更好。

硝酸铵应重点用在烟草、大麻、甜菜等作物上，不仅能使产量增加，而且能改善品质。如对烟草施用硝酸铵时，由于硝态氮的肥效快,能促进叶片生长,铵态氮被土壤胶体吸附,肥效较稳定,有利于后期叶片的成熟,从而使叶片厚度适宜、颜色好、味道纯。

硝酸铵在我国南方水田和雨量大的坡地上应少用,在长期淹水的水稻田上不宜施用。因为硝态氮易被淋失和产生反硝化作用,硝酸铵的利用率仅约为旱作地区的1/3。

5. 氮肥与磷肥、钾肥及农家肥的配合施用

作物正常生长需要多种营养成分的均衡供给。当土壤缺乏多种养分时,偏施氮肥增产效果很差,甚至不增产。在缺乏有效磷和有效钾的土壤上,单施氮肥效果很差,增施氮肥还有可能减产。因为在缺磷、钾的情况下,蛋白质和许多重要含氮化合物难以形成,会严重影响作物的生长。各地试验已经证明,氮肥与适量磷肥、钾肥配合施用时,增产效果显著。

目前我国大部分土壤氮、磷养分都缺乏,而南方地区缺钾严重,严重缺钾地区并不断向北方扩大。所以经济作物和南方地区应以氮、磷、钾配合为主;北方除缺钾地区外,主要考虑氮、磷配合。

(1)氮肥与磷肥、钾肥配合施用 在土壤氮、磷、钾俱缺的地块上,氮肥与磷肥、钾肥配合施用能提高产量,也可明显改善产品品质。江西省上饶地区农科所在含速效氮90毫克/千克、速效磷12毫克/千克、速效钾60毫克/千克的地块上,进行连续三季水稻试验,其结果见表2-2。氮肥与磷肥、钾肥或磷肥配合,在水稻的产量、出米率、蛋白质含量、含磷量等方面均高于单施氮肥。

表2-2 氮肥与磷肥钾肥配合施用对水稻的影响

处理	出米率(%)	蛋白质含量(%)	蛋白质总量(千克/亩)	糙米含磷量(%)	产量(千克/亩)
氮	78.1	9.25	19.9	1.01	275
氮、磷	78.6	9.91	25.5	1.22	324
氮、钾	78.1	9.87	24.4	1.07	317
氮、磷、钾	78.8	9.74	26.4	1.23	344

注:平均每亩施氮(N)10千克、磷(P_2O_5)3千克、钾(K_2O)6千克。

北方地区很多地块氮素严重缺乏而钾素较丰富时,一般单施氮肥或磷肥增产幅度不大,甚至不增产。氮、磷配合施用成为该地区主要的化肥施用方式,可使产量显著提高。例如,河北省农科院土壤肥料研究所小麦大田试验结果显示:每亩单施氮肥增产33千克,单施磷肥增产48千克,而等养分的氮、磷肥配合施用增产109千克,比单施氮、磷的增产之和还多28千克。这种现象称为"氮和磷之间的互作效应",也称"正交互作用"。由于土壤缺素程度不一和其他因素的影响,氮、磷或氮、磷、钾配合的正交互作用不是经常出现的,有时甚至会出现负交互作用。所以,应根据土壤缺素和肥效状况对不同养分的用量进行适当调整,才能获得更大效益。

(2)氮肥与农家肥配合施用　　农家肥中含有较多的磷、钾元素。在土壤磷、钾缺乏或少施、不施磷肥、钾肥的情况下,增施农家肥也能提高氮肥的增产效果。据中国农业科学院土壤肥料研究所在河北辛集市氮磷俱缺而钾较丰富的土壤上进行的试验,从表2-3中可以看出:单施氮肥(N)时小麦产量很低,每亩仅比对照组增产35千克,单施农家肥也只增产55千克,等量的农家肥与氮肥配合施用能增产126千克,效果显著,比单施氮肥、农家肥的增产之和还多,但与农家肥、氮肥、磷肥配合施用时的每亩产量413千克相比,还相差甚远。这说明,在缺磷的地块上,配合施用农家肥与氮肥比单施氮肥的产量提高较多,但长期不施磷肥,很难达到高产水平。

表2-3　氮肥与农家肥配合对土壤物理性状的影响

肥料名称	土壤容重（克/厘米³）	总孔隙度（%）	毛细管孔隙度（%）	非毛细管孔隙度（%）	产量（千克/亩）
对照	1.62	38.8	27.0	11.8	138
氮肥	1.52	42.6	35.7	6.9	173
农家肥	1.36	48.8	41.3	7.5	193
农家肥+氮肥	1.42	46.3	41.3	5.0	264
农家肥+氮肥+磷肥	1.41	46.9	40.5	5.4	413

注:结果来自1980—1995年的16年定位试验,产量为小麦16年的平均值,每季每亩需氮10千克,农家肥2500千克(以秸秆为主)。

从表 2-2 可以看出，农家肥与氮肥配合施用 10 多年后，土壤物理性状比单施氮肥有明显改善，土壤容重、非毛细管孔隙度分别下降 6.6% 和 27.5%，土壤总孔隙度和毛细管孔隙度分别提高 8.7% 和 15.7%。这些改善仅靠增施化肥是无法达到的。

粮食作物秸秆中含氮少而含碳多，氮碳比为 1:(70～90)，而微生物分解有机物适宜的氮碳比约为 1:25，因而微生物若要顺利分解有机物，则需吸收部分土壤中的氮。有人认为，微生物每分解 100 千克秸秆至少需要 0.8 千克氮。所以在增施新鲜的秸秆肥时，前期要适当增施氮肥，防止土壤短期内氮素不足。

总之，在不同的土壤条件下，氮肥要在施用农家肥的基础上，与磷肥或磷肥、钾肥配合施用，有些地区还要增施某些微肥和中量元素肥料。这既是配方施肥的主要内容，也是合理施用氮肥的措施之一。

6. 氮肥的施用量

目前，我国氮肥用量大，约占化肥总用量的 62%。适量施用氮肥对作物增产、改善品质、节肥、环保等均有良好作用，是合理施肥的重要环节之一。

(1) 氮肥用量与肥效关系　在一定氮肥用量范围内，随着施氮量的增加，作物产量也在逐步提高，但每单位氮肥的增产效益逐渐下降。这就是在施肥上出现的"报酬递减"现象。例如，图 2-1 反映的是由 20 世纪 80 年代相关专家进行的 629 个氮肥用量试验结果，表 2-4 是吉林省农业科学院土壤肥料研究所在 1985 年进行的氮肥利用率的试验结果，两者都表明化肥的"报酬递减"现象是明显的。在每亩施氮量 8～12 千克的情况下，每千克氮使玉米增产 9～12 千克，尿素利用率为 40%～45%。

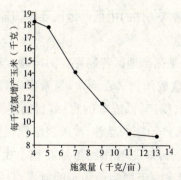

图 2-1　不同氮肥用量与肥效关系

表 2-4　不同尿素用量与利用率

项目	不施氮	施氮量(千克/亩)			
		8.5	11.9	15.3	18.7
玉米产量 (千克/亩)	253	444	447	437	435
氮肥利用率 (%)	—	45.2	41.1	35.4	26.4

氮肥的合理用量不是越多或越少越好,而是要兼顾产量和纯收益两方面。虽然随着氮肥用量的增加,单位氮肥的增产效果下降,但只要增施化肥的价格小于增产产品的价格,就可以得到较高的产量和较大的纯收益。增施化肥的价格等于增产产品的价格时的氮肥用量称为"氮肥合理施用量"。

氮肥的合理施用量是变化的。随着磷、钾的施用量相应增加,作物品种和其他生产条件的改善,"报酬递减"现象也会相应变弱;此外,土壤肥力和粮肥比例的变化也会改变氮肥的合理施用量。

(2)**氮肥用量与均衡增产**　确定氮肥合理施用量仅考虑局部地区是不够的。目前在中低产地区,每千克氮(N)一般能增产小麦12~14千克,而在高产地区,仅增产5~7千克。根据现在粮、肥价格,一般在高产地区的氮肥投入也可获得较高的纯收益,但与中低产区的氮肥肥效比较,经济效益约差50%以上。目前,我国氮肥施用量仍

化肥施用技术

然不足,所以在有灌溉条件的中低产地区要增加氮素等肥料投入,达到均衡增产。

氮肥施用过量是高产地区普遍存在的问题。过量施氮不但不能提高产量,反而会造成作物贪青倒伏,氮素损失,甚至污染环境。这些地区要达到高产、稳产、低成本的目标,目前不能靠增加氮肥的投入,而要靠选育更高产耐肥的品种,改善栽培管理措施和提高施肥技术。花生、大豆和豆科绿肥等作物虽然在整个生长期需氮较多,但30%～50%的氮素来源于根瘤菌固定的氮素,只需在生长初期施用少量氮肥,以促进根瘤形成即可。如果氮肥施用过多,反而会抑制根瘤形成,降低固氮作用。果树和某些价格较贵的经济作物长期以来不施或少施化肥,会影响其生长。如果在这些作物上增加氮素等化肥投入,经济效益会大幅度提高。

(3) **氮肥用量与确定方法** 确定方法主要有:养分平衡法(根据从无肥区带走的养分数量来确定用量);肥料效应函数法(根据产量与相应施肥量的函数关系来确定用量);测土施肥法(依据土壤有效养分含量测试值来确定用量);营养诊断法(以作物养分含量测试值为主要依据来确定用量);配方施肥法(通过某些施肥法的综合应用来确定用量)。这些确定肥料用量的方法,对于确定氮肥和磷肥、钾肥的用量都可以应用,它们各有长处,也都有不足的地方。有的过于繁琐,影响推广,有的测试值或系数不够稳定,都需要今后进一步深入研究,逐步完善。

使用以产定氮法确定施肥量,在我国的应用范围较广。由于土壤中普遍缺乏氮素,而且氮素化肥在土块中残效小,所以氮肥施用量与作物产量之间的关系极为密切。作物产量越高,氮肥的用量越要相应增加。以粮食作物为例,见表2-5。

表 2-5　氮肥施用量与粮食产量之间的关系

亩产粮食(千克)	亩施氮肥(千克)
<200	3~7
200~300	7~9
300~400	9~12
400~500	12~15
>500	>15

采用以产定氮法确定施肥量,虽然属于半定量,但由于它来源于各地大量肥效试验的统计数据,因此其结果较接近实际。其优点是使用方便,容易推广。在以上氮肥用量范围内,可以根据当地具体条件,选择用量的上限或下限。例如,耐肥品种在磷肥、钾肥较充足的情况下,氮肥的用量应适当偏上限;腐熟的农家肥用量较多或土壤肥力较高时,氮肥用量可适当偏下限;在气温低和墒情较差时,氮肥用量应适当偏高。

7. 氮肥的施用期

氮肥可作为基肥、种肥、追肥。掌握好不同施肥期的相互结合,有利于提高氮肥的肥效。

(1)基肥　基肥是指整地或翻耕时施用的肥料,又称"底肥"。在施用农家肥、磷肥或磷钾肥的同时施足氮肥,可以满足作物苗期对养分的需求,有利于壮苗。所以,基肥充足是获得高产的基础。作为基肥的氮肥的用量占作物全生育期氮肥用量的比例与作物、土壤关系密切。

①经济作物的基肥。经济作物种类多,营养特性多样化,对基肥用量要求也不同。例如,对烟草施用氮素的原则是"前期足而不过量、后期少而不缺乏",按原则施肥才能保证烟叶的质量。如南方烟区,亩产黄烟 150 千克左右的中肥力烟田,全生育期需施氮肥(N)5~6千克,基肥应占60%左右。结球大白菜、甘蔗、棉花、甘蓝型油菜等产量高、需肥量大的作物,一般分多次施用氮肥,基肥中的氮肥施

化肥施用技术

用量占全生育期氮肥用量的30%～40%。如春植甘蔗基肥每亩用氮肥(N)2～3千克,甘蓝型油菜用1千克左右,结球大白菜往往不用氮肥而施足农家肥和磷、钾肥即可。花生、大豆、豆科绿肥等作物在幼苗期时,根瘤未形成或数量很少,固氮能力弱,也应重施基肥,每亩应施氮肥(N)2～3千克,基肥中的氮肥施用量占全生育期氮肥用量的60%以上。

②茶树、果树的基肥。多年生作物的基肥和底肥是不一样的。底肥是在定植或改种换植时结合深耕改土施用的肥料。基肥往往有多种形式,如茶树有两种形式:一种是扦插定植或种子直播时施入的肥料;另一种是每年秋冬季节施入茶园的肥料。这两种都称为茶树的基肥。底肥以施用农家肥等迟效肥为主,主要作用是改善土壤肥力,为后期的作物生长奠定良好的土壤基础。基肥以施用农家肥和磷、钾化肥为主,增施少量氮肥。苹果树、梨树的基肥即秋施肥,结果盛期的树每株基施氮肥(N)0.2～0.4千克;茶树每亩基施氮肥(N)2～3千克。基肥占全生育期氮肥用量的1/3左右。

③粮食作物的基肥。北方冬小麦、春玉米、春稻和南方的中稻等作物生育期较长,约150天。一般采取基肥、追肥并重的方式,两者均占全生育期氮肥用量的50%左右。如果每亩产粮食400千克左右,全生育期大约施氮肥(N)12千克,基肥用量约为6千克。南方的双季稻、春小麦,北方的麦茬晚稻以及干旱地区的早熟作物的生育期短,壮苗早发是增产的关键。这些作物的基肥应重施,应占全生育期氮肥用量的70%以上。干旱又缺乏灌溉条件的中低产地区,追肥作用往往不大,多采取一次性施足基肥的方式,不再追肥。这些地区如果每亩产粮食为200千克左右,则每亩基施氮肥(N)6～7千克。

以上氮肥基肥施用量还要考虑土壤条件,应掌握"瘦地或黏性土多施,肥田或砂性土少施"的原则。在瘦地或黏性土中,粮食作物的基肥用量可占全生育期氮肥用量的60%左右,肥田或砂性土以30%～40%为宜。由于瘦地苗期易缺肥,砂性地保肥性差,易渗漏,

第二章 氮肥

因此在水田和多雨的坡地,以多次少施为宜。此外,挥发性强的碳酸氢铵、氨水应多作基肥,便于深施,可减少氮素损失。

(2)种肥 种肥是指播种或移栽时施用的肥料。在施足基肥时,一般不需要再施种肥。如果无基肥或基肥不足,小麦、玉米、谷子、高粱等旱作物可以用少量氮肥作种肥,每亩用尿素或硫酸铵4~6千克。为防止出苗率下降,不要将种肥与种子直接接触。种肥用量虽少,但能促进幼苗早发、苗壮,经济效益显著。

(3)追肥 为防止作物生育期间脱肥而施的肥料称为"追肥",又称"补肥"、"接力肥"。为了节省劳动力,在对产量影响不大的情况下,应减少追肥次数。追肥的次数、时期和用量因作物、土壤条件而定。

①经济作物的追肥。经济作物种类多,追肥期、追肥量差异大。如棉花生育期长,一般分苗肥、蕾肥、花铃肥、盖顶肥。苗肥要早施,每亩施氮肥(N)1~2千克,如果棉田长势旺应推迟施苗肥;蕾肥要稳施,每亩施氮肥(N)约2千克,肥力中等时宜在现蕾初期施,肥力偏高时可在盛蕾期施;花铃肥要重施,每亩施氮肥(N)3~4千克,如果棉花徒长,应减少用肥量;盖顶肥要巧施,当出现棉株早衰时,每亩施氮肥(N)0.5~1千克,未出现早衰不必追施,避免贪青晚熟。又如春植甘蔗,虽然氮肥用量少,不宜施用过多,但还要分苗肥、壮蘖肥、拔节肥和壮尾肥。壮蘖肥和拔节肥每亩分别追施氮肥(N)3~4千克;苗肥和壮尾肥分别追施2~3千克。但也要根据甘蔗生长情况进行适当调整。

②茶树、果树的追肥。多年生作物追肥次数多,用肥量也较大。如茶园追肥,每亩产干茶200~300千克时,一般要施氮肥(N)20~30千克。茶园按春、夏、早秋、晚秋4次施肥,各次用肥的比例约为1:0.6:0.6:0.3。又如结果期梨树,追肥一般分花前肥、花后肥、果实膨大肥、采收后肥4次进行,每株分别追施尿素0.2~0.4千克、0.3~0.5千克、0.4~0.6千克、0.1~0.3千克。由于品种、土壤、产

量等情况不同,施肥量和施肥次数要灵活掌握。

③粮食作物的追肥。北方的春玉米、冬小麦、单季稻和南方中稻等作物生长期较长,在施用基肥的情况下,如果每亩产量为400千克左右,则每亩追施氮肥(N)约6千克。一般分2次追肥,分蘖期或拔节期肥应重追,穗肥应少追,如果作物长势好,穗肥也可不追。南方的双季稻,北方的麦茬晚稻、春小麦等作物生育期较短,追肥宜早不宜晚。双季稻采用"前促后保"施肥法,氮肥约2/3作基肥,约1/3作追肥,一般宜在移栽后7天左右追施。春小麦在分蘖前后追施,每亩用氮肥(N)3~5千克。夏玉米可追施枝节肥,如果基肥或种肥不足,可每亩施氮肥(N)5~6千克,否则应减少用肥量。

8.氮肥的施用方法

在施用氮肥的方法上应注意以下几点:

第一,氮肥要施入一定深度的土壤中。氮肥深施能减少氮素挥发,提高增产效果,避免伤害植株。以粮食作物为例,氮肥施入的适宜深度为:基肥的深度一般为10~20厘米,其中旱作的深度偏下限,水田偏上限;种肥应施在种子侧下方2厘米左右;追肥可施在作物行间6~8厘米的深度。

第二,氮肥不能与碱性物料和种子接触。氮肥大多是铵态氮肥,接触碱性物料易加速氮肥的分解和氮素的损失。氮肥作种肥时一般不能与种子直接接触,否则种肥用量越大,出苗率越低;氮肥作追肥时也要避免因接触植株而烧伤叶子。

第三,施用氮肥时要保持较好的土壤墒情。根系吸收氮素的途径以质流为主,占75%~85%,扩散为10%~14%,接触仅占6%~10%。如果土壤墒情不好,作物的根系很难甚至无法吸收养分,施肥会白白的浪费。所以,对土壤墒情不好的地块施肥时要及时浇水。

四、施用化学氮肥使土壤酸化板结的原因及治理对策

近年来,由于农业生产的发展,增施化学氮肥已成为增产的重要措施之一,也是生产发展的必然结果。现在农民普遍反映,不连年施用氮肥就不能保产,不逐年增施氮肥就不能增产。为何出现这种现象呢?主要是由于大量施用化学氮肥,使土壤有机质递减,钙镁等盐基物质亏缺,以致土壤酸化板结,使氮肥成为增产主要因素的同时,也成为生产的限制因子。了解土壤酸化板结的原因,有利于合理施用氮肥。

1. 施用化学氮肥使土壤酸化的原因

施用化学氮肥使土壤酸化的主要原因有以下两个方面。

(1)生理酸度 施用氯化铵、硫酸铵等肥料时,由于植物选择吸收铵离子,残留在土壤中的氯离子(Cl^-)、硫酸根离子(SO_4^{2-})等会与氢离子结合形成盐酸和硫酸。

植物吸收铵离子后,首先转化成氨(NH_3),氨经过代谢作用与体内有机酸结合生成氨基酸,再合成蛋白质。铵转化成氨的同时会释放出氢离子,其反应式如下:

$$NH_4^+ \rightarrow NH_3 + H^+$$

(2)硝化酸度 铵态氮肥和尿素转化后,被植物利用的氮的形态都是铵离子。铵在土壤中除了被植物吸收以及流失、挥发而损失外,还会因硝化作用而损失,其反应式如下:

$$2NH_4^+ + 3O_2 \rightarrow 2NO_2^- + 2H_2O + 4H^+$$
$$2NO_2^- + O_2 \rightarrow 2NO_3^-$$

由上可知,硝化作用过程中形成了氢离子(H^+),导致了土壤酸化,若连续施用氮肥,将使土壤 pH 降低而酸化。

2. 施用化学氮肥使土壤板结的原因

土壤有机质减少和土壤酸化是造成土壤板结的主要原因。

(1)增加土壤有机质消耗 增施氮肥将降低土壤碳氮比值,刺激土壤微生物活动,从而加速土壤有机质分解,使其含量递减;土壤有机质减少,土壤结构受到破坏,从而使土壤变得板结。

(2)酸化板结 钙是形成土壤结构的主要盐基成分,由于施用氮肥产生的各种酸度溶解了土壤胶体中的钙,并使之淋溶,结果由于酸化造成土壤结构解体,进而发生板结。

(3)淋溶淀积板结 土壤结构被破坏后,土壤黏粒会随着土壤下渗、水分淋溶淀积填充土壤孔隙,使耕层下面的土壤紧实而板结。

(4)盐析板结 由于蒸发作用,土壤中的水分沿毛细管上升而蒸散,酸化形成的各种可溶性盐类也随之上升而盐析,使土壤表层板结。在干旱少雨地区,土质差的土壤盐析板结更为严重。

3. 预防对策

连年增施氮肥会使土壤酸化板结,地力下降,那么是否就应少施氮肥呢?显然,少施氮肥不符合生产发展和经济效益的要求,也没有抓住问题的实质。其实,土壤酸化、板结主要是由偏施氮肥造成的,在逐年增施氮肥的情况下,只要采取相应措施,是可以有效避免酸化、板结的发生的。防止施用氮肥造成土壤酸化、板结的主要措施有以下几种。

(1)施用石灰质物质 石灰质物质是指含有钙镁等氧化物、氢氧化物、碳酸盐和硅酸盐等一类的物质,单有钙、镁不能称为石灰质物质。同时,与石灰质物质伴随的阴离子,还必须能降低氢离子活度、土壤溶液中铝离子活度,包括生石灰、熟石灰、石灰石、泥灰岩、钢渣磷肥(碱性炉渣)、电炉渣和硅酸盐等石灰性物质。石灰质物质在施用时,应注意以下几点:

第二章　氮肥

①作物对石灰质物质的需要量。适宜酸性土壤生长的植物要少施,适宜中性土壤生长的植物要多施。

②土壤质地和土壤有机质。黏重、质地细、有机质多的土壤可多施,质地粗、有机质少的土壤可少施,同时应多次少量地施用。

③配合氮肥施用方法。石灰质物质最好不要与氮肥直接混合施用,以防氮素损失。石灰质物质最好在播种、栽插三个月前施用,然后再施氮肥,这样既不会"跑氮",也不会影响发芽和幼苗生长。

施用石灰石粉、钢渣磷肥、硅酸盐肥料等时,要注意粉碎细度,一般以40%的肥料通过100目筛子为最好,颗粒太粗效果不好。

(2)施用有机质肥料　为了防治土壤酸化板结,提高氮肥利用率,必须提倡施用有机质肥料,既要施用家畜粪尿,也要施用传统的堆厩肥,在有条件的地方应继续发展绿肥,尽可能地使秸秆还田。

(3)施用腐殖酸类肥料　腐殖酸类肥料是一种含大量有机质的肥料。在有原料的地区,应大力提倡利用泥炭、风化煤、褐煤等原材料生产腐铵、腐磷铵等腐肥。腐殖酸的成本低,可就地生产,就地利用。腐殖酸类肥料不仅能给土壤提供大量的有机质,还能减少氮素的损失,是一种经济有效的有机质肥源。

(4)建立合理的种植结构　农民早有"换田不如换种"的说法。这说明合理的种植作物,可调配土壤肥力,消除生产的不利因素。除种植结构外,还必须配合相应的耕作结构,以利于克服土壤在施肥、生产中的不利因素。如目前推广的半旱式种植方式,在淹水时,土壤处在嫌气条件下,还原层中有机质分解缓慢,铵离子被土壤吸附不再进行硝化作用,即使在根际微区内,硝化作用也是微弱的,加上土壤水分稳定,有利于有机质的积累和保持。由此可见,注意种植结构和耕作结构的组合可以收到良好效果。为此,在建立合理的种植结构时,既要考虑深根系和浅根系作物、豆科和非豆科作物、长生育期和短生育期作物等的相互组合,又要考虑配以合理的耕作结构和田间管理,这对克服土壤酸化板结是行之有效的措施。

第三章 磷肥

一、常用磷肥种类及其性质

按照不同的生产工艺生产的磷肥,其溶解性有很大的差异,根据磷肥的溶解性,可将其分为水溶性磷肥、弱酸溶性磷肥、难溶性磷肥三类。常用的磷肥中,属于难溶性磷肥的有磷矿粉、骨粉;属于弱酸溶性磷肥的有钙镁磷肥、沉淀磷酸钙、钢渣磷肥;属于水溶性磷肥的有过磷酸钙、重过磷酸钙。磷肥的有效成分用有效磷(五氧化二磷)来表示。

1. 过磷酸钙

过磷酸钙又称"普钙",是世界上最早生产的化学磷肥,目前仍是我国生产最多的磷肥种类。过磷酸钙是用硫酸处理磷矿粉制成的。

(1)过磷酸钙的成分　过磷酸钙的主要成分为水溶性的磷酸一钙和难溶于水的硫酸钙,分别占肥料重量的 $40\%\sim50\%$ 和 40% 左右;此外,肥料中还含有少量的磷酸、硫酸、非水溶性的磷酸盐及铁、铝、钙盐等杂质。

(2)过磷酸钙的性质　过磷酸钙一般为灰白色或浅灰色粉末,也有的呈颗粒状,稍带酸味。由于生产工艺的原因,过磷酸钙含有一定的游离酸(硫酸、磷酸),故过磷酸钙呈酸性,有腐蚀性,并具有吸湿

第三章 磷肥

性,容易吸湿结块。过磷酸钙吸湿结块后,会引起各种化学变化,往往使水溶性磷变为水不溶性磷,肥效降低,这种作用称为"过磷酸钙的退化作用"。因此,过磷酸钙中的含水量和游离酸含量不能超过国家规定的标准。

过磷酸钙施入土壤后会发生一系列的变化,主要表现为肥料中的水溶性磷发生磷的固定作用,使大部分磷养分不能被当季作物吸收利用。

在石灰性土壤中,过磷酸钙主要转化为磷酸二钙、磷酸八钙,最后大部分形成稳定的难溶性磷灰石,这样作物就难以吸收利用了。

在酸性土中,过磷酸钙中的可溶性磷主要形成难溶性磷酸铁、磷酸铝,也使作物难以吸收利用。但在水田中,初形成的胶状无定形磷酸铁、磷酸铝对水稻仍然有效。

过磷酸钙虽然带有酸性,但它偏向于生理中性,因此,施后对土壤酸碱度影响不大。

(3)**过磷酸钙的贮存** 过磷酸钙应贮存在干燥阴凉处,避免雨淋日晒。过磷酸钙不宜与碱性肥料混存。

(4)**过磷酸钙的施用** 作物对磷肥的利用率较低,过磷酸钙的利用率一般只有 10%~25%,原因是它被施入土壤后水溶性磷酸盐容易被固定,磷养分移动慢,移动的距离短,不容易与作物的根系接触。另外,磷的固定发生在土粒与磷肥接触的条件下,同时主要发生在施肥以后 30 天内。所以,将磷肥集中施在根附近,既可减少磷肥和土壤的接触而减少固定,又有利于幼苗吸收利用,同时还能提高施肥点周围环境中土壤溶液的磷素浓度,提高磷源和作物根系周围磷素的浓度,有利于磷酸根离子向根系扩散。因此,合理施用过磷酸钙的原则是既要减少其与土壤的接触面积,又要尽量增加它与根系的接触机会。根据其性质及上述施用原则,合理施用过磷酸钙的方法如下。

集中施和分层施。过磷酸钙可作基肥、种肥和追肥,但无论作什么肥,都以集中施效果为好。因为集中施(条施、穴施)可减少肥料与

化肥施用技术

土壤的接触面积,减少固定,同时增加肥料与根系的接触机会,施肥点浓度较大,有利于磷酸根离子向根表扩散,使根系容易吸收磷营养。在集中施的基础上采取分层施的效果更好,即大部分磷肥作基肥深施,小部分磷肥浅施或作种肥。这样就能适应作物根系的生长及其对肥料的需要。

作种肥或秧根肥。要注意过磷酸钙中游离酸对种子的危害。如作种肥,可每亩用3~4千克的过磷酸钙与适量的草木灰混合堆沤半天后,与种子混播;如作秧根肥,可每亩用2.5~5千克过磷酸钙与2~3倍腐熟的有机肥或细土混合堆沤半天至1天,用水调成糊状,栽前蘸根,随蘸随栽。

与有机肥混合施用。与有机肥混合施用可减少磷的固定,因为一方面减少了与土壤的接触面积,另一方面有机肥的分解产物可减少土壤中铁、铝等对磷的固定。

制成颗粒肥施用。把过磷酸钙制成粒径为3~5毫米的颗粒,在固定力强的土壤上施用是比较有效的。因为它是逐步溶解出有效磷,有效时间较长,同时又减少了磷肥与土壤的接触。颗粒肥作种肥比较安全,但粒径不能太大,颗粒太大会减少磷肥与根系的接触。

酸性土配施石灰。在酸性土上施用石灰可减少磷肥的化学固定,这是提高磷肥有效性的重要措施。做法是先施石灰,翻犁耙匀后再施磷肥,不要把石灰与过磷酸钙混合,以免降低磷肥的有效性。

作根外追肥。将过磷酸钙作根外追肥喷施也是一种经济有效的办法,这种方法可以防止磷在土壤中被固定,又能促进作物直接吸收磷素。根据试验结果,在柑橘生理落果后,喷3%过磷酸钙溶液不但可以增产,而且可以提高含糖量;水稻、玉米、小麦等作物在中后期喷施过磷酸钙溶液,可以增加籽实的千粒重。喷施前先将过磷酸钙加10倍水浸泡过夜,取其清液用水稀释到所需浓度后喷施。各类作物的喷施浓度不同:水稻、小麦等作物可用1%~3%溶液;果树可用2%左右溶液;棉花、蔬菜(如番茄)等可用1%左右溶液。

2. 重过磷酸钙

重过磷酸钙,又称"重钙",其磷的有效成分约是过磷酸钙的3倍。重过磷酸钙是一种高浓度的磷肥,是由硫酸处理磷矿粉制得磷酸,再以磷酸和磷矿粉作用制得的。

(1)重过磷酸钙的成分 重过磷酸钙含五氧化二磷40%~50%,不含硫酸钙。

(2)重过磷酸钙的性质 重过磷酸钙一般为深灰色,呈粉末状或颗粒状。易溶于水,水溶液呈酸性。含游离酸比过磷酸钙高,所以它的吸湿性和腐蚀性比过磷酸钙强。但由于它含有很少量的铁、铝、锰等杂质,吸湿后不致发生磷的退化现象。重过磷酸钙在土壤中的性质与过磷酸钙基本相同。

(3)重过磷酸钙的贮运 重过磷酸钙贮运的注意事项与过磷酸钙相同。

(4)重过磷酸钙的施用 重过磷酸钙的施用方法与过磷酸钙大致相同。但重过磷酸钙中有效成分含量高,肥料用量要相应比过磷酸钙少。因为重过磷酸钙中不含硫酸钙(石膏),对于豆科作物、十字花科作物、马铃薯等,其肥效不如等磷量的过磷酸钙。

3. 钙镁磷肥

钙镁磷肥是将磷矿石和适量的含镁硅矿物,如蛇纹石、橄榄石、白云石和硅石等,在高温下(≥1350℃)熔融,经水冷却而成为玻璃状碎粒,再磨成细粉状的一种肥料。

(1)钙镁磷肥的成分 钙镁磷肥的主要成分为无定型磷酸钙盐,含有效磷(五氧化二磷)14%~18%,还含有氧化钙、氧化镁等。

(2)钙镁磷肥的性质 钙镁磷肥呈灰绿色或灰棕色,外观形态为玻璃态粉末。钙镁磷肥不溶于水,能溶于弱酸溶液。呈碱性反应,无毒,无臭,不吸湿,不结块,没有腐蚀性,不腐蚀包装材料。

钙镁磷肥施入土壤后,不能直接被作物吸收利用,需要经过酸溶解转化为水溶性磷才能被作物吸收利用。

钙镁磷肥施入酸性土壤后,可借助土壤酸的作用使肥料中的磷酸盐逐步溶解,释放出磷酸供作物吸收利用。同时,钙镁磷肥在土壤中可以中和土壤酸,调整土壤反应,从而提高土壤磷以及肥料磷的有效性。

钙镁磷肥施入中性或石灰土壤后,在土壤微生物和作物根系分泌物作用下,也可逐步溶解而释放磷酸,但释放速度比在酸性土壤中缓慢,所以钙镁磷肥在酸性土上施用效果好。在酸性土壤上,其肥效往往超过过磷酸钙,因为它含有氧化钙和氧化镁,且肥效较长,对改良土壤有良好作用;在石灰性土壤上施用钙镁磷肥的效果一般低于过磷酸钙。

钙镁磷肥含有多种微量元素,因系玻璃质,这些微量元素的有效率较高。

(3)钙镁磷肥的贮运 钙镁磷肥的物理性质稳定,长期贮存不变质,但应注意不能与碳铵类氮肥混存。

(4)钙镁磷肥的施用 钙镁磷肥特别适合在酸性土壤上施用,它不仅可以供应作物磷素养分,还可供给钙、镁等养分。在钙镁磷肥溶解的过程中,还可中和土壤酸性,对大多数农作物生长有利。

钙镁磷肥适合作基肥,但作基肥时要提早深施。钙镁磷肥可以与有机肥一起堆沤后施用,这样便于借助微生物的作用,促进其溶解,提高肥效。

钙镁磷肥适合用于喜磷作物,如油菜、豆类等作物。

4.磷矿粉

磷矿粉是由磷矿石经机械加工磨细而制成的磷肥。

(1)磷矿粉的成分 磷矿粉是一种难溶性的迟效磷肥。一般含全磷 10%~25%,弱酸溶性磷 1%~5%。

(2)磷矿粉的性质 磷矿粉呈灰褐色,形状似土,呈中性至微碱性。磷矿粉中只有极少部分磷是弱酸溶性的,作物能够直接吸收利用;而绝大部分的磷是酸溶性的,一般作物不能吸收利用,必须在酸的作用下,经过转化才对作物有效,因此磷矿粉是迟效性磷肥。磷矿粉施入土壤后要慢慢分解变成水溶性磷才能被吸收利用,由于这种溶解作用比较慢,所以当季肥效较慢,往往到第二年甚至第三年才显出较好的效果。

(3)磷矿粉的贮运 磷矿粉的物理性质稳定,长期贮存不变质。

(4)磷矿粉的施用 磷矿粉是迟效性磷肥,因此宜作基肥深施,不适合作追肥。磷矿粉的施用方法与过磷酸钙不同。磷矿粉使用时要和土壤充分混合,以促使其溶解。由于磷矿粉在酸性条件下比较容易溶解,因而它适合在酸性土壤上施用,在中性及碱性土壤上一般不施用。

提高磷矿粉肥效的措施有:将磷矿粉和有机肥混合堆沤或者与3~5倍的鲜牛粪、猪粪共同堆沤一段时间,在堆沤过程中,有机肥释放出的有机酸和碳酸可逐渐把磷矿粉溶解,堆沤时间越长肥效越好。在磷矿粉中混入适量的酸性肥料,如过磷酸钙等,也可提高肥效。

磷矿粉应重点在吸收利用能力强的作物上施用,如油菜、萝卜、荞麦、豌豆、花生、紫云英等;对玉米、马铃薯、甘薯、番茄、芝麻等肥效中等;对小麦、水稻、小米、黑麦、燕麦等肥效较差。

磷矿粉的当季利用率很低,而后效较长,且肥效不易流失,如连年施用,土壤逐步积累一定的磷,后来再施磷肥的效果会相应降低。因此,在连续几年施用磷矿粉后可停施磷肥1~2年。

二、植物缺磷的主要症状

作物缺磷的症状在形态表现上没有缺氮那么明显。作物缺磷时,植株生长缓慢、矮小瘦弱、直立、分枝少,叶小易脱落,色泽一般,呈暗绿或灰绿色,叶缘及叶柄常出现紫红色;叶片呈暗绿色或灰绿色,缺乏光泽。因磷在植物体中可以再利用,因此缺磷的症状一般从老叶开始,幼芽及根的生长受到明显的抑制,根细弱而长,侧芽成休眠状态或死亡;根系发育不良,成熟延迟,产量和品质降低。主要作物的缺磷症状如下:

小麦缺磷症状表现为植株瘦小,分蘖少,叶色深绿略带紫,叶鞘上紫色特别明显,症状从叶尖向基部、从老叶向幼叶发展,抗寒力差。

玉米缺磷症状表现为从幼苗开始,在叶尖部分沿叶缘向叶鞘发展,呈深绿带紫红色,逐渐扩大到整个叶片,症状从下部叶片转向上部叶片,甚至全株紫红色,严重缺磷的叶片从叶尖开始枯萎,呈褐色,抽丝延迟,雌穗发育不完全,弯曲畸形,果穗结粒差。

棉花缺磷症状表现为植株矮小,苍老,叶色灰暗,茎细,基部红色。果枝少,叶片小,叶缘和叶柄常出现紫红色,根系发育不良,成熟延迟,蕾铃易脱落,产量及品质下降。

花生缺磷症状表现为老叶呈暗绿色至蓝绿色,以后变黄而脱落,茎基部为红色。

大豆缺磷症状表现为植株瘦小,叶色浓绿,叶片狭而尖,向上直立,开花后叶片出现棕色斑点,籽粒细小。严重缺磷时茎及叶片呈暗红色。

水稻缺磷症状表现为植株瘦小,不分蘖或分蘖少,叶片直立,细窄,呈暗绿色。严重缺磷时稻丛紧束,叶片纵向卷缩,有红褐色斑点,生育期延长。

甘薯缺磷症状表现为早期叶片背面出现紫红色,脉间先出现一些小斑点,随后扩展到整个叶片,叶脉及叶柄最后变成紫红色,茎细长,叶片小,后期出现卷叶。

油菜缺磷症状表现为植株瘦小,出叶迟,上部叶片为暗绿色,基部叶片呈紫红色或暗紫色,有时叶片边缘出现紫色斑点或斑块,易受冻害,分枝小,延迟开花和成熟。

马铃薯缺磷症状表现为植株瘦小,严重时顶端停止生长,叶片、叶柄及小叶边缘有些皱缩,下部叶片向上卷,叶缘焦枯,老叶提前脱落,块茎有时产生一些锈棕色斑点。

烟草缺磷症状表现为整株呈簇生状,叶窄、色暗、直立,老叶有坏死斑点,干枯后变为棕色。经火烤后的烟叶色暗,无光泽。

番茄缺磷症状表现为早期叶片背面出现紫红色,脉间先出现一些小斑点,随后扩展到整个叶片,叶脉及叶柄最后变成紫红色。茎细长,富有纤维,叶片小,后期出现卷叶,结实延迟。

黄瓜缺磷症状表现为植株矮化,严重时幼叶细小僵硬,并呈深绿色,子叶和老叶出现大块水渍状斑,并向幼叶蔓延,斑块逐渐变褐干枯,叶片凋萎脱落。

洋葱缺磷症状表现为生长缓慢,老叶尖端干枯死亡,有时叶片表现出黄绿色与褐色相间的花斑。

苹果缺磷症状表现为叶片小,带青铜暗绿色至紫色,发枝少,叶稀少,果小。

桃缺磷症状表现为叶片由暗绿色转为青铜色,或发展为紫色,一些较老叶片窄小,近叶缘处向外卷曲,早期落叶,叶片稀少。

三、磷肥的合理施用

1. 磷肥的形态与施用

目前工厂生产的磷肥主要有:水溶性磷肥(如过磷酸钙)、弱酸溶性磷肥(如钙镁磷肥)和难溶性磷肥(如磷矿粉)。磷肥的主要特点是在土壤中的移动性较小,难以与作物根系接触,且施入土壤中的磷肥会因固定而成为难溶性磷肥。施用速效磷肥时应减少磷肥与土壤颗粒的接触机会,同时增加肥料与植物根系的接触机会,以减少磷肥的固定。

化肥施用技术

2.磷肥与其他肥料的配合施用

磷肥与氮肥配合施用是提高磷肥肥效的重要措施之一。大多数土壤,特别是中下等肥力的土壤,既缺氮又缺磷,加上各种作物对氮、磷的需要量及吸收能力有差异,因此只有保持氮、磷平衡协调,才能获得增产。此外,氮、磷在作物体内的代谢过程是互相制约和影响的,例如植物体内核酸、核蛋白、磷脂以及各种酶往往既含磷又含氮,如果仅施磷肥,氮素不足,上述含磷化合物的形成就受到抑制,作物代谢过程就不能正常进行。在酸性土壤和缺乏微量元素的土壤中,还需要增施石灰肥料和微量元素肥料,才能更好地发挥提高作物产量、改进作物品质的效果。

磷肥与有机肥料的混合施用是减少磷肥固定的重要措施。有机肥在腐熟过程中,会产生大量的二氧化碳和有机酸类物质,这些物质能增加难溶性磷的溶解,并降低土壤中钙、铁、铝的活性,减少磷肥被土壤固定的机会。同时,磷肥与有机肥混合,相对减少了磷肥与土粒的接触机会,也就减少了磷肥被固定的机会。

3.磷肥的适宜用量

磷肥在不同作物与土壤上的肥效有很大差异,每千克五氧化二磷(以过磷酸钙为例)有的能增产粮食8千克以上,有的却不足4千克。这与磷肥使用技术有关,磷肥使用技术主要包括磷肥的适宜用量、磷肥的合理分配、磷肥的施用期和施用方法。

(1)磷肥用量对肥效的影响 磷肥用量对当季肥效利用率及后效影响很大。总的来看,磷肥用量越大,当季肥效越小;磷肥用量越大,后效越持久。

根据近年来的研究,我国粮食主产区的磷肥利用率在5%～30%之间。

(2)磷肥用量因土壤和作物而异 我国提倡因土壤和作物施磷,

第三章 磷肥

缺磷严重的地块宜多施,缺磷不严重的地块宜少施或隔年施;喜磷作物宜多施,一般作物宜少施。具体做法如下:

①因土壤施磷。土壤条件是合理施用磷肥的依据。土壤的供磷水平、土壤有机质含量、土壤熟化程度以及土壤酸碱度等因素对施磷影响较大。在供磷水平较低、氮磷比例较大的土壤上,施用磷肥的增产效果显著;在供磷水平较高、氮磷比例较小的土壤上,施用磷肥的增产效果较差;在氮、磷供应水平都很高的土壤上,施用磷肥的增产效果不稳定;在氮、磷供应水平均低的土壤上,只有提高施氮水平,才有利于发挥磷肥的增产效果。

土壤有机质与磷肥肥效之间的关系非常密切。一般来说,在有机质含量大于2.5%的土壤上施用磷肥,增产不显著;在有机质含量小于2.5%的土壤上施用磷肥,可增产约10%以上。因此,磷肥最好用在有机质含量低的土壤上。

土壤酸碱度对磷肥的肥效影响极大。土壤中的有效磷含量在酸性及碱性土中很低,在中性土中较高。前者是由于铁、铝对磷的固定,后者是由于形成了难溶性的磷酸钙盐。因此,土壤酸碱度高低与弱酸溶性磷肥和难溶性磷肥的有效性有密切的关系。

根据土壤的熟化程度分配磷肥是充分发挥磷肥增产效果的前提。一般应将磷肥优先分配在瘠瘦田、旱地、冷浸田、新垦地和新平整地,以及有机肥不足的土地、酸性土壤或施氮量高的土壤上。因为这些田块通常都比较缺磷,施用磷肥增产效果明显。

在其他生产因素相同的条件下,土壤有效磷含量与磷肥肥效成负相关,这可作为指导磷肥合理施用的主要依据,见表3-1。严重缺磷的土壤大多是中低产地块,如冷浸田、盐碱地、砂质土和新垦地等,这些地块有效磷含量较低,但与此同时产量和施氮量也不高,所以磷肥用量也不宜过多。如果农家肥较少,产量或施氮量较高,应按表中的磷肥用量取上限,反之取下限。

表 3-1 土壤有效磷含量与磷肥用量的关系

级别	土壤有效磷含量 (P,毫克/千克)	每千克磷肥 (P_2O_5)增产量(千克)	磷肥(P_2O_5) 每亩用量(千克)
严重缺磷	<5	>10	6~9
缺磷	5~10	6~10	4~7
含磷偏高	10~15	<6	<4
含磷丰富	>15	一般不增产	暂不施

注：土壤有效磷分析用碳酸氢钠，$P \times 2.29 = P_2O_5 \times 1$。

以上因土壤确定磷肥用量的方法较简单，便于应用。但在指导施磷肥时，只能作为参考，还要根据具体地块和不同作物灵活应用。磷肥用量还受氮肥或氮钾肥用量的影响。在高、偏高、中等、偏低的土壤肥力中，若氮肥用量定为1，粮食作物的氮肥(N)与磷肥(P_2O_5)的合理比例分别为 1∶(0~0.3)，1∶0.3，1∶0.5，1∶1；在缺钾的地块还要配施钾肥，每亩施钾肥(K_2O) 4~6 千克，这样才能做到平衡施肥。

②因作物施磷。由于不同作物根系分泌物、根系交换量等不同，因而作物对磷的敏感性和吸收利用能力也不相同。不同作物需磷特性不同。在同一土壤上，凡对磷反应敏感的喜磷作物，施用磷肥有较好的效果，应该优先分配磷肥。作物对磷敏感程度由大到小的大致顺序是：豆科作物(包括绿肥)＞糖料作物＞小麦＞棉花＞杂粮(玉米、高粱、谷子)＞早稻＞晚稻。

磷肥对大田作物的效果大致顺序为：冬季绿肥作物(包括豆科作物、萝卜、油菜等)＞一般旱地豆科作物＞大麦、小麦＞早稻＞晚稻。

据各地试验结果，在一般缺磷的土壤上，几种主要作物每亩的磷肥(P_2O_5)适宜用量为：薯类、棉花 4~6 千克，花生、大豆、油菜、黄麻、茶园 3~5 千克，西瓜、烟草 2~4 千克，甘蔗 6~8 千克，苹果、香蕉、柑橘、荔枝每株盛果期为 0.2~0.3 千克。

4.磷肥的合理分配

(1)磷肥种类的合理分配　磷肥种类多，其成分、性质和磷酸含量也不一致，必须根据土壤条件、作物种类和磷肥特性全面考虑，选择适宜的磷肥品种。

过磷酸钙、重过磷酸钙适用于大多数土壤,但在碱性土壤上施用最为适宜,在酸性土壤上最好与碱性磷肥如钙镁磷肥或石灰配合施用。水溶性磷肥一般可作基肥、种肥和追肥集中施用。钙镁磷肥只溶于弱酸,宜作基肥,最好施在酸性土壤上。磷矿粉和骨粉最好作基肥,撒施在酸性土壤上。

因磷肥在土壤中移动性小,应将磷肥施在根系分布的土层中。作物苗期根系分布较浅,应将水溶性或弱碱性磷肥浅施。作物到生长中后期,根系入土较深,磷肥应深施。

因不同磷肥种类对作物的增产效果以及磷肥所含副成分对作物的影响不同,所以必须根据磷肥的特性,选择适宜作物的磷肥进行施用。过磷酸钙和重过磷酸钙适宜于大多数作物。磷矿粉与骨粉最好施在吸收磷能力强的豆科作物、豆科绿肥作物、荞麦或果树上。含有硅和钙的钙镁磷肥适宜施在需硅较多的稻、麦和喜钙的豆科作物上。过磷酸钙、重过磷酸钙等水溶性磷肥多分配在石灰性土壤上施用,这样磷素被土壤固定不严重,作物易吸收。如果施用等磷量的弱酸溶性磷肥,其肥效仅为前者的70%～90%。

钙镁磷肥、磷酸氢钙等弱酸溶性磷肥多用在酸性土壤上,尤其在南方水稻田施用的效果较好。弱酸溶性磷肥在酸性水稻土壤上的肥效,有时比水溶性磷肥更高。

磷矿粉等难溶性磷肥在石灰性土壤或生长期较短的作物上施用,肥效极小,应重点用在酸性较强的土壤和对难溶性磷吸收能力强的作物上,如油菜、荞麦、肥田萝卜、苜蓿等。此外,果树、茶树、橡胶树和一些多年生的经济作物具有吸磷能力较强的根系,用难溶性磷肥作底肥也有较好效果。

(2)磷肥在耕作制度中的合理分配 水旱轮作是水稻地区的主要轮作制度,大多采用麦类(油菜)－水稻和绿肥－水稻两种轮作形式。这种轮作中磷肥的施用应掌握"旱重水轻"的原则,即在同一个轮作周期中把磷肥重点施于旱作上。如在麦类(油菜)－水稻轮作时,磷肥应重点施在麦类和油菜上,水稻可利用其后效。因为麦类、油菜上所施磷肥,当季作物仅利用其中一部分,大部分磷肥被固定,在种稻后,淹水的环境可使固定的磷肥又转化成有效态磷,使土壤有效磷含量提高2～3倍。

在旱地轮作中,磷肥应优先施于需磷较多、吸磷能力强的豆科作物上。如在麦类－棉花轮作区,由于棉花对磷的反应比麦类敏感,应把磷肥重点施在棉花上。轮作中作物对磷具有相似的营养特性时,磷肥应重点分配在越冬作物上。因为秋播后,温度逐渐下降,土壤微生物活动减弱,土壤供磷能力差,这时增加磷素营养,能培育壮苗,增强抗寒能力,促进早发,提高磷肥增产效果。例如在小麦－玉米轮作地区,磷肥应重点施于小麦上,后季玉米可利用其后效。磷后效大,不同作物对磷肥的敏感程度也不一样。所以在缺磷的土壤上,磷肥在轮作中的合理分配能提高其增产效果。

①稻—稻连作。因为早稻生长期气温低,土壤供磷能力弱,磷肥应重点用在早稻上,晚稻应少施或不施。据广东省农业科学院土壤肥料研究所试验,晚稻施过磷酸钙的肥效仅为早稻肥效的39%;而早稻施用过磷酸钙后,在晚稻上仍有明显后效,相当于晚稻施磷肥增产量的50%左右。所以在较缺磷的水田中,早、晚稻磷肥分配比例以2:1左右为宜;在不太缺磷的水田中,磷肥可全部施在早稻上,晚稻可利用其后效。

②旱地轮作。小麦—豆科作物(包括绿肥)轮作时,磷肥重点用在豆科作物上,小麦可用少量水溶性磷肥作种肥。因为磷肥能促进豆科作物根瘤菌的固氮作用,有"以磷增氮"的好处。这样不但能改善豆科作物的磷素营养,还有利于其根瘤的生长发育,增强固氮能力。

冬小麦—玉米(包括其他杂粮)轮作时,磷肥应重点施在冬小麦上。因为冬小麦对磷肥反应比杂粮敏感,再加上秋后低温,土壤供磷能力差,施磷肥能增强麦苗抗寒能力,促进早发。玉米—豆类间作时,磷肥应重点用在豆类作物上,玉米可用少量磷肥作种肥或早期追肥。

③水旱轮作。旱地转成水田后,不但能增加土壤溶液中水溶性磷的绝对含量,而且能使土壤有效磷含量增加;水田改旱地则相反。根据以上规律,施磷肥时应做到以下两点:一方面,中稻—小麦或油菜轮作时,磷肥重点施在小麦或油菜上,水稻利用磷肥后效;另一方面,双季稻—绿肥或其他旱作物轮作时,磷肥重点用在绿肥或其他旱作物上。早稻水温低,不利于绿肥分解,应施用少量水溶性磷肥,以避免"僵苗"现象;晚稻可根据前茬生长情况,补施或不施磷肥。三茬作物的磷肥用量比例以 4∶2∶1 为宜。

④经济作物—粮食作物轮作。以棉花、烟草等经济作物为例,棉花—小麦—绿肥轮作时,磷肥的合理分配是"绿肥重施,小麦次之,棉花轻施";一年两熟的棉麦套种时,小麦应重施磷肥;烟草—粮食作物轮作时,磷肥的合理分配是"烟粮并重"。在以烟草为主的轮作中,烟草对磷的需求往往大于氮,要注意增施磷肥。

总之,磷肥在不同轮作中主要用在豆科作物、绿肥作物、秋播和春播作物上,其他作物可以利用前茬作物的磷肥后效。磷肥在轮作中的这种分配方式,在缺磷越严重的地块上的增产效果越显著。

5.磷肥的施用期和施用方法

磷肥在土壤中易被固定,移动性差,不能表施,要集中施在作物根部附近,增加其与作物根系接触的机会。磷肥还要早施,因为作物营养的临界期多在苗期。磷肥可作基肥、种肥或早期追肥。

(1)**基肥** 作一年生作物基肥的磷肥应占全生育期施磷量的 70% 以上。因为磷素在作物体内再利用的运转率可达吸收量的 70%~80%,比氮素的运转率还高。所以,施足基肥不仅可以满足作物苗期的需磷量,还可以避免后期脱肥,保持作物生长"旺而不衰"。

基肥的施用方法如下。

①一年生作物的基肥施用。对一年生作物施磷肥时,多采用深施或分层施用,如粮食作物在缺磷的土壤上,每亩用磷肥(P_2O_5)4～8千克,相当于过磷酸钙30～60千克或重过磷酸钙8～16千克。磷肥在施用时如果有结块,应首先打碎、过筛,于犁地前均匀撒施于田面,与农家肥及其他化肥一起耕翻入土。

在严重缺磷的土壤中,磷肥充足时可以采取分层施用的方式。粮食作物每亩用过磷酸钙35～45千克,与农家肥一起撒施在田里,然后翻入深层中;另用过磷酸钙15～25千克撒在田里,耙匀整平,及时播种或插秧。浅施的磷肥可供作物苗期需要,深施的磷肥可供作物生长中后期需要。深施的磷肥也可选用弱酸溶性磷肥。

②多年生作物的基肥施用。对多年生作物施磷肥时,约50%磷肥作基肥。以葡萄、茶树、果树为例,对于5年生葡萄植株,用磷肥(P_2O_5)3～4千克作基肥,与农家肥及其他化肥一起深施到根群的密集处。对3～5年生的茶园施基肥时,可在离根茎30～40厘米处开1条宽约15厘米、深20～25厘米的施肥沟,每亩用磷肥(P_2O_5)3～4千克,与其他肥料一起施入沟内。施果树的基肥时,对幼树可开穴或开环形沟,深15厘米左右;成龄树于采果后在树冠外围挖圆形或长条形沟,宽、深各50～60厘米。每株幼树基施磷肥(P_2O_5)0.05～0.1千克,盛果树为0.2～0.4千克,将全年磷肥用量的50%左右埋在土中。

(2)种肥　苗期的作物根系弱,此期是磷素营养的临界期。对土壤严重缺磷或种粒小、贮磷量少的作物,如油菜、番茄、苜蓿、谷子等,用水溶性磷肥作种肥,用量虽少,但有利于苗齐苗壮。北方或山地寒冷地区,在大部分磷肥作基肥的情况下,春播时再用少量水溶性磷肥作种肥,不仅肥效好,还可防止因春播施肥深而影响保墒。种施磷量占全生育期磷肥用量的20%～30%。如果基肥用量少或未施,用作种肥的磷肥的用量应适当增加。种肥的施用方法如下:

第三章 磷肥

①拌种。每亩用过磷酸钙3~4千克,与1~2倍细干的腐熟农家肥拌匀,也可以与少量细干土混匀,再与浸种后阴干的种子搅拌,随拌随播。过磷酸钙不能和种子直接接触,否则会烧伤种子。

②条施、穴施、点施。条播的小麦、谷子用条施,穴栽的甘薯、马铃薯用穴施,点播的玉米、高粱、棉花用点施。磷肥施在种子下方或侧下方2~3厘米处。具体做法:每亩用过筛的过磷酸钙10~15千克或重过磷酸钙3~4千克,与5~10倍腐熟的农家肥混匀,顺着挖好的沟、穴均匀撒肥,然后播种、覆土。

③秧田肥。每亩用过筛的过磷酸钙约20千克或重过磷酸钙5千克左右。对秧龄小的品种宜浅施,将磷肥撒施在秧田上,耙入田面6~8厘米深处,然后播种;对秧龄大的品种,可把过磷酸钙或重过磷酸钙与农家肥同时施入秧田,磷肥用量可适当增加。

(3)追肥 有些作物在生长后期对磷肥反应非常敏感,如棉花在结铃开花期,大豆在开花结荚期,甘薯在块根膨大期,均需要较多的磷肥。对于基肥不足的间套种作物,如果种肥不能满足作物需要,应追施磷肥。追肥的施用方法如下:

①旱地追肥。一年生作物一般早追肥比晚追肥好。每亩用过筛的过磷酸钙10~15千克或重过磷酸钙3~4千克,晚玉米应追攻秆肥,棉花追蕾肥,豆类作物追花前苗肥,甘薯等作物在插植后60天左右追肥。具体做法与旱地种肥相似,用沟施法、穴施法或点施法,磷肥肥效显著。因为磷肥与土壤接触面可减少到5%~10%,被土壤固定的磷肥量仅占20%~40%,比撒施时固定得少;而且磷肥多在根部附近,易被作物吸收。

②蘸秧根。每亩用过筛的过磷酸钙3~4千克或重过磷酸钙1千克左右,与2~3倍的腐熟的农家肥及泥浆拌成糊状,随蘸随插,不能久放。

③秧苗肥。在秧田铲秧时,每亩用过筛的过磷酸钙4~6千克或重过磷酸钙1~2千克,与农家肥等混匀后施入秧田,随撒随铲,秧苗

化肥施用技术

移栽后回青生长快。施秧苗肥与蘸秧根均属于集中施肥方法,但比蘸秧根更省工。

④多年生作物追肥。多年生及生长期较长的经济作物,因产量高,需磷多,追肥次数多,磷肥对作物生长发育影响也大,应重视施肥。其具体做法以春茶为例,可在正式采摘前 25 天左右追肥,对 1~2年生的幼龄茶园要按丛穴施肥,而对丛栽种植的茶园采取环状沟施或弧形沟施的形式,施肥沟深度以 7 厘米左右为宜。茶树要追春肥、夏肥、秋肥,磷肥的比例一般以4:1:2为宜。

第四章 钾肥

一、常用钾肥种类及其性质

1. 氯化钾

氯化钾因其含钾量高,价格相对较低,在钾肥中居主要地位。氯化钾是通过对可溶性钾盐矿石进行化工处理而制成的。

(1)氯化钾的成分 氯化钾化肥含氧化钾 $50\%\sim60\%$。

(2)氯化钾的性质 氯化钾为白色或稍带黄色或紫红色的结晶或颗粒,易溶于水,是速效性钾肥。氯化钾吸湿性不大,但长期贮存也会结块。氯化钾施入土壤后,在土壤溶液中,钾能被作物直接吸收利用,也能被土壤胶体吸附。在中性土壤上,长期施用氯化钾容易在灌溉或雨季使钙从土壤中淋失,易使土壤逐渐变酸。在石灰性土壤中,由于大量碳酸钙的存在,因施用氯化钾所造成的酸能被中和,不致引起土壤酸化。在酸性土壤中,适量施用氯化钾可使土壤酸度下降。在大量施用氯化钾的情况下,会使作物遭受酸化的毒害。

(3)氯化钾的贮运 氯化钾在贮运中要注意防潮、防结块。

(4)氯化钾的施用 氯化钾可作基肥或追肥施用,不宜作种肥。在中性和酸性土壤中作基肥时,宜与有机肥、磷矿粉等配合或混合施用,这样不仅能防止土壤酸化,而且能促进磷矿粉中磷的有效化。在酸性土壤上施用氯化钾,应配合施用石灰和有机肥料。由于氯化钾中含有氯离子,对忌氯作物如甘薯、甜菜、甘蔗、柑橘、茶树等的产量和品质均有不良影响,不宜多用。氯化钾特别适用于禾谷类作物,也适用于麻类、棉花等纤维作物,因为氯对提高纤维含量和质量有良好的作用。

2. 硫酸钾

硫酸钾是一种钾素含量较高的钾肥,是世界上重要的钾肥种类之一。

(1) **硫酸钾的成分** 硫酸钾的分子式为 K_2SO_4,含氧化钾 50%。

(2) **硫酸钾的性质** 硫酸钾为白色或淡黄色结晶,易溶于水,吸湿性小,贮存时不易结块。在中性或石灰性土壤中,硫酸钾对土壤钙损失的影响相对较小,施用硫酸钾使土壤酸化的速度比氯化钾缓慢。但是,如果长期大量施用硫酸钾,也有导致土壤板结的可能,可通过增施有机肥料避免板结。在酸性土壤中,若长期单独施用硫酸钾,会使土壤变得更酸,应配合碱性肥料施用。

(3) **硫酸钾的贮运** 硫酸钾的物理性质较稳定,可以长期贮存。

(4) **硫酸钾的施用** 硫酸钾可作基肥、追肥,还可作种肥和根外追肥。作基肥时应深施覆土,因深层土壤干湿变化小,可减少钾在土壤中的固定,提高钾肥的利用率。作追肥时,在黏重土壤上可一次施下,但在保水保肥力差的砂土上,应分期施用,以免钾的损失。在水田中施用时,要注意田水不宜过深,施后不要排水,以保肥效。在作种肥时,一般每亩用量为 1.5~2.5 千克,作根外施肥时浓度以 2%~3% 为宜。

硫酸钾适用于大多数作物,对马铃薯、甘蔗、烟草等需钾多而忌氯的作物以及十字花科等需硫的作物,效果更为显著,是当前最主要的烟草钾肥肥源。

3. 窑灰钾肥

窑灰钾肥是水泥工业的副产品。从水泥厂回收粉尘后,经风选就可得到窑灰钾肥。

(1)窑灰钾肥的成分　窑灰钾肥中氧化钾的含量为8%~12%,高的可达20%以上,此外,还含有一定数量的钙、镁、硅、铁等多种微量元素。

(2)窑灰钾肥的性质　窑灰钾肥是一种灰黄色或灰褐色的粉末,吸湿性很强,施用后吸水放出热量,属热性肥料。窑灰钾肥是一种碱性较大的肥料。窑灰钾肥所含的钾以碳酸钾、碳酸氢钾和少量硫酸钾的形式存在。窑灰钾肥中的钾有90%以上是水溶性钾盐,因此它是一种速效性钾肥。

(3)窑灰钾肥的贮运　窑灰钾肥在运输过程中切忌淋雨,贮存时要防止受潮结块,以免造成养分损失或施用困难;窑灰钾肥不能与腐熟的农家肥以及碳铵类的氮肥混合,以防止铵的损失。

(4)窑灰钾肥的施用　窑灰钾肥适用于酸性土壤和需钙较多的作物。窑灰钾肥可作为基肥和追肥施用。作基肥施用时,一般在耕前撒施,然后翻入土中;或掺2倍左右的细土加少量水拌成细粒,堆置过夜再施用。如与有机肥料堆沤或混合施用,不仅施用方便,还可促进有机肥料的分解腐熟,提高肥效。在作追肥时应提早施用,随各种作物的栽培方式作穴施或条施,施用时不能接触茎叶。窑灰钾肥不宜用于蘸根或直接拌种作种肥,以免烧芽或烧根。窑灰钾肥不要和过磷酸钙等混合,以免降低磷的有效性。

4. 草木灰

植物残体经燃烧后,所剩下的灰烬统称为"草木灰"。我国广大农村多以稻草、麦秸、棉花秸、树枝、落叶等作为燃料,所以草木灰是农村中一种重要的肥源。

(1)草木灰的成分 草木灰的成分很复杂,除氮素外,含有作物体内需要的各种灰分元素,如钾、钙、镁、硫、铁、硅等,其中含钾、钙最多,磷次之。因此草木灰中起作用的不仅是钾素,还有磷、钙、镁和微量元素等。

草木灰中氧化钾含量为5%～10%,不同植物的灰分中钾的含量不同。一般木灰中含钾、钙、磷要比草灰中多一些。

(2)草木灰的性质 草木灰是碱性肥料。草木灰中钾的存在形式主要是碳酸钾,其次是硫酸钾和氯化钾,它们都是水溶性钾,可被作物直接吸收利用。

草木灰因燃烧温度不同,其颜色和钾的有效性会有差异。燃烧温度过高,钾与硅酸熔在一起形成溶解度较低的硅酸钾,呈灰白色,这种草木灰肥效较差;而低温燃烧形成的草木灰呈黑灰色,肥效较高。

(3)草木灰的贮运 草木灰在贮运中要防止雨水的冲刷。

(4)草木灰的施用 草木灰可作基肥、种肥和追肥。作基肥时,可沟施或窝施,深度约10厘米,施后覆土。作种肥时,大多用于水稻、蔬菜育苗,既能供应养分,又能吸热,增加土壤表面温度,促苗早发,防止水稻烂秧。作追肥时,可在叶面撒施,既能供给养分,也能在一定程度上防止或减轻病虫害的发生和危害。

草木灰宜在酸性土壤上施用,不仅能供应钾,而且能降低酸度,并可补给钙、镁等元素。

5.钾钙肥

钾钙肥是将含钾岩石、石灰石和煤,经适当配比、破碎、磨粉、成球,经高温煅烧后得到的含钾和钙的肥料。

(1)钾钙肥的成分 钾钙肥含氧化钾4%～5%,除此之外还含有氧化钙、氧化镁、氧化硅等。

(2)钾钙肥的性质 钾钙肥为浅灰色粉末,是一种碱性肥料。钾钙肥中含的钾大部分是水溶性钾,易被作物吸收利用。钾钙肥产品不吸潮,不结块,无腐蚀性。

(3)钾钙肥的贮运 钾钙肥的物理性质稳定,可以长期贮存,运输、保管也较方便。

(4)钾钙肥的施用 钾钙肥作基肥和早期追肥效果好。适当深施比浅施好,集中施用比分散施用好。

钾钙肥适宜在酸性土壤上施用。由于它能中和土壤酸性,促进土壤有机质的分解,所以增产效果较好。

钾钙肥适用于多种作物,能促进作物生长发育,增强抗病、抗倒伏能力,有利于提高产量和改进品质。

二、植物缺钾的主要症状

作物缺钾症状一般在生长中后期才逐渐表现出来,最典型的症状是叶尖和叶边缘枯焦,叶中出现褐色的坏死组织斑点。这种症状首先从老叶或植株下部叶片开始,因为钾的再利用程度大,钾不足时,老组织中的钾可转移到幼嫩组织中去。但如果严重缺钾,嫩叶也会发生此症状。作物缺钾的症状通常是老叶和叶缘发黄,进而变褐,焦枯似灼烧状。叶片上出现褐色斑点或斑块,但叶中部、叶脉和近叶脉处仍为绿色。随着缺钾程度的加剧,整个叶片变为红棕色或干枯状,坏死脱落。其次是根系发育不良,根细弱,常呈褐色,根系短而少,易早衰,严重时腐烂,易倒伏。在氮素充足时,缺钾的双子叶植物的叶子常卷曲而显皱纹;禾本科作物则茎秆柔软易倒伏,分蘖少,抽穗不整齐。

主要作物的缺钾症状如下:

烟草缺钾症状表现为老叶的叶尖先出现不规则的黄色晕斑,零星分布于中部、叶缘和叶尖。继而黄斑不断扩大成片,叶尖和叶缘枯死,有时产生破碎。有的老叶边缘失水收缩,向下卷曲成"覆盘"状。

棉花缺钾症状表现为易发生红叶茎枯病或凋枯病。在苗期和营

化肥施用技术

养期出现叶黄、花斑、茎枯等症状,又称"花斑黄色茎枯病"。花铃期主茎中上部叶片呈黄色花斑,继而变为红色,叶脉仍为绿色。棉花缺钾初期,叶肉组织褪绿,出现黄白色的斑块。严重缺钾时下部叶片焦枯,似灼烧状,向下卷曲。棉铃小,吐絮差,抗病性低,易早衰,产量低,品质差。

油菜缺钾症状表现为缺钾早期叶片变黄、卷曲,出现褐色斑块或灼烧状的斑块。油菜叶片的尖端和边缘开始黄化,沿脉间失绿,有褐色斑块或局部白色干枯。严重缺钾时,叶肉组织呈明显的灼烧状,叶缘出现焦枯,随之凋萎,有的茎秆表面呈现褐色条斑,病斑继续发展,使整个植株枯萎死亡。

水稻缺钾症状表现为水稻苗期叶片绿中带蓝,老叶软弱下披,心叶挺直,中下部叶片尖端出现红褐色组织坏死,叶面有不定型红褐色斑点。随后老叶焦枯,早衰,稻丛披散。叶鞘短,叶片相对长,根系发育显著受损害,谷粒缺乏光泽,不饱满。易倒伏和感染叶斑病、赤枯病。常发生褐斑病或赤枯病,多在水稻分蘖中期到抽穗阶段发病。新叶难抽出,抽穗不齐;老叶尖端和边缘由黄变褐,发生不规则的褐色枯斑。

小麦缺钾症状表现为初期全部叶片呈绿色或蓝绿色,叶质柔弱,叶尖向下卷曲。以后老叶尖端及边缘变黄,逐渐呈棕色而枯萎,似灼烧状。

苹果缺钾症状表现为新生枝条的中下部叶片、叶缘初呈暗紫色,而后焦枯、皱缩和卷曲。严重时几乎整株叶片呈明显的红褐色,卷曲干枯,焦灼感显著。叶片呈蓝绿色,脉间失绿。中部叶缘焦枯,叶片皱褶、卷曲,甚至全叶焦枯而不脱落。果实小,着色差。

玉米缺钾症状表现为叶片与茎节的长度比例失调,叶片长,茎秆短,老叶尖端及边缘呈褐色焦枯状,茎秆细小柔弱,易倒伏。

大豆缺钾症状表现为苗期缺钾时,叶片小,叶色暗绿,缺乏光泽。中后期缺钾时,老叶尖端和边缘失绿变黄,叶脉间凸起,皱缩,叶片前

· 52 ·

端向下卷曲,有时叶柄变为棕褐色,根系老化早衰。

甘薯缺钾症状表现为老叶缺绿,叶脉边缘干枯,叶片向下翻卷,部分叶片早落。

马铃薯缺钾症状表现为生长缓慢,节间短,叶面积缩小,小叶排列紧密,与叶柄形成较小的夹角,叶面粗糙、皱缩并向下卷曲。早期叶片暗绿,以后变黄,再变成棕色,叶色变化由叶尖及边缘逐渐扩展到全叶,下部老叶干枯脱落,块茎内部带蓝色。

大白菜缺钾症状表现为从下部叶缘变褐枯死,逐渐向内侧或上部叶片发展,下部叶片枯萎,抗软腐病及霜霉病的能力下降。

番茄缺钾症状表现为老叶叶缘卷曲,脉间失绿,有些失绿区出现边缘为褐色的小枯斑,以后老叶脱落,茎变粗,木质化,根细弱。果实着色不匀,背部常绿色不褪,称"绿背病"。

黄瓜缺钾症状表现为植株矮化,节间短,叶片小。叶呈青铜色,叶缘渐变成黄绿色,主脉下陷。后期脉间失绿严重,并向叶片中部扩展,随后叶片枯死。症状从植株基部向顶部发展,老叶受害最重。果实发育不良,易产生"大肚瓜"。

桃缺钾症状表现为新梢中部叶片变皱卷曲,随后坏死,症状叶片发展为裂痕、开裂,呈淡红色或紫红色,小枝纤细,花芽少。

葡萄缺钾症状表现为叶片呈黄色,有褐斑、坏死。褐斑可能脱落并穿孔,以后叶片变脆,果实成熟度不一致。

作物缺钾症状可作为指导作物施钾的依据之一,尤其对后茬作物更为显著。因为作物早期缺钾,后期再补施钾肥也不能完全补偿。所以对于严重缺钾的土壤,基肥应施足钾肥。

三、钾肥的合理施用

我国钾肥供应量远不能满足作物的需求,尚难做到与氮、磷肥料的平衡。所以,一方面要增加钾肥肥源,尤其是农家肥;另一方面要合理施用钾肥,要把有限的钾肥用在最需要的作物和土壤上,并在轮作中合理分配。

1.因土壤施用钾肥

土壤速效钾水平是决定钾肥肥效大小的一个重要因素。速效钾的指标数值因各地土壤、气候和作物等条件的不同而略有差异。速效钾含量高的土壤施钾肥效果不大,因此钾肥应重点施用在速效钾含量低的土壤上。

土壤的结构组成与含钾量有关,一般结构组成越细,含钾量越高,反之则越低。各地试验表明,在砂性土壤上施用钾肥的效果比黏土好,因此钾肥应优先用在缺钾的砂性土壤上。

在排水不良的土壤中,由于土壤通气性差,致使土壤氧气不足,导致根系呼吸困难而影响对钾的吸收,呈现缺钾症状。

(1)**土壤有效钾含量与钾肥肥效** 表4-1是某地在施用氮肥或氮磷肥的基础上,粮食作物钾肥肥效的试验结果。这些结果可指导其他作物合理施用钾肥。土壤有效钾含量是钾肥有效施用的先决条件,它与钾肥肥效成负相关,土壤有效钾含量越低,钾肥当季肥效越好。

表4-1 土壤有效钾含量与钾肥(K_2O)肥效

级别	土壤有效钾含量 (毫克/千克)	肥效反应	每千克钾肥 增粮量(千克)	建议每亩用钾 肥量(千克)
严重缺钾	<40	极显著	>8	5~8
缺钾	40~80	较显著	5~8	5
含钾中等	80~130	不稳定	3~5	<5
含钾偏高	130~180	很差	<3	不施或少施
含钾丰富	>180	不显效	不增产	不施

注:$K \times 1.2 = K_2O$。

土壤有效钾含量小于40毫克/千克为严重缺钾,钾素成为作物增产的限制因素,施钾肥的肥效极显著,粮食作物可每亩施钾(K_2O)5~8千克,经济作物可适当增加钾肥用量。有效钾含量为40~80毫

第四章 钾肥

克/千克的土壤是缺钾土壤,粮食和经济作物每亩用钾(K_2O)分别约为5千克和8千克,增产效果较显著。土壤有效钾含量为80～130毫克/千克时,钾肥肥效不稳定,钾肥应用在经济作物上,粮食作物宜少施。

土壤有效钾含量是指导当季作物施钾的主要依据,如果同时考虑土壤缓效钾,更能切合实际。因为土壤缓效钾是有效钾的补给源。在土壤有效钾含量相近的情况下,缓效钾含量越低,转化为有效钾的数量越少,施用钾肥的肥效就越好。

(2)重点施钾的地区和土壤 钾肥施用重点在南方;但北方缺钾面积正在不断扩大,尤其氮磷肥用量多的高产地块,易出现缺钾情况,也应重视。主要缺钾的地区和土壤如下:

①砖红壤和赤红壤。砖红壤和赤红壤是我国钾素供应水平最低的土壤,施钾肥有显著的肥效。广东、广西、海南、云南南部及福建东南部的缺钾地块,钾肥的肥效有的超过磷肥。

②红壤和黄壤。主要分布在长江以南和西南地区,如广东北部、湖南、江西、湖北、安徽南部以及浙江、福建、四川、贵州等省的大部分地区。在这些地区增施钾肥已成为当地增产的重要措施之一。

③黄棕壤和棕壤。长江中下游的黄棕壤,胶东和辽东半岛的棕壤,广西柳州和玉林等由石灰岩、砂页岩、红色黏土等母质形成的水稻土等,其有效钾含量往往偏低,也是钾肥肥效较显著的地区。

④熟化程度低的土壤和砂性土壤。熟化程度低的土壤有效钾含量也大多偏低,供钾能力弱;质地粗的砂性土壤含钾低,其中有效钾又易被淋溶损失,在这类土壤上施用钾肥的效果往往好于黏性土壤。

综上所述,因土壤施钾就是把钾肥优先用在高产的缺钾土壤上,以提高钾肥的增产效益。

2.因作物施用钾肥

各类作物的需钾量和吸钾能力不同,因此对钾肥的反应也各异。

凡含碳水化合物较多的作物,如马铃薯、甘薯、甘蔗、西瓜、果树等,需钾量大,对这些喜钾作物多施钾肥,不仅能增产,还能改善品质。在同样的土壤条件下,对喜钾作物应优先安排施用钾肥。

由于钾能影响蛋白质和脂肪代谢,故对豆科作物施用钾肥有良好效果,特别是施在豆科绿肥作物上,能获得明显而稳定的增产效果。

禾谷类作物如水稻、小麦等与喜钾作物相比,对钾的需要量较小,同时这些作物吸收钾的能力较强,能从土壤中吸收较多的钾来满足生长的需要,所以在相同的条件下,施用钾肥的效果较差。

同一作物的不同品种,钾肥施用的肥效也不同。水稻中粳稻对钾肥的反应比籼稻敏感;矮秆高产品种比高秆品种较为敏感。同一作物在其不同生长阶段对钾的需要量也不同,如玉米在生长的早期所吸收的钾量比氮和磷要多。由于作物对钾营养在早期比较敏感,所以钾肥以早施为宜。在土壤缺钾的情况下,最好把钾肥用在经济作物上。因为经济作物比粮食价格高,虽然有时产量提高不明显,但能改善产品品质。所以,不能把肥效单纯看成产量的提高,品质的优劣也很重要。

(1)钾肥对产量和品质的影响　　表4-1中显示,在都施用氮磷肥的基础上,钾肥对粮食作物有明显的增产效果。水稻等作物试验大多在南方进行,南方土壤缺钾比北方严重,钾肥的肥效比较显著;玉米虽然比水稻更喜钾,但对于北方玉米,由于土壤含钾量较高,所以北方玉米钾肥的肥效比南方水稻要低。试验结果表明,钾肥对不同作物的增产效果,主要取决于缺钾的程度;在含钾丰富的土壤上,钾肥对喜钾作物的增产幅度也较低。

钾肥还能明显改善产品品质。表4-2是中国农业科学院烟草所在山东进行试验的结果。施钾可使烟叶含糖量增加,含氮量降低,这是由于糖分的增加和其他内在成分的变化,改善了烟叶品质,使刺激性减小,烟味醇和。广东、广西等地对甘蔗施钾,蔗茎糖含量增加

0.93%,蔗汁重力纯度增加1.9%。此外,供钾充足时,作物抗倒伏、抗旱的能力会提高,同时植株内可溶性氨基酸、单糖的积累下降,从而可减少病虫害的发生。

表4-2 钾肥对烟叶成分的影响 单位:%

处理	还原糖	总糖	总氮	蛋白质	尼古丁
对照	12.26	15.20	2.63	14.34	2.20
钾(K_2O) 4千克/亩	13.82	16.81	2.34	12.36	2.20
钾(K_2O) 8千克/亩	14.62	18.81	2.06	10.74	1.95

钾肥对作物品质和产量的影响与农家肥也有关系。堆厩肥、牲畜粪尿是富含钾素的肥料,可补充土壤的钾,施农家肥后钾肥的增产和改善品质的效果就会下降。在这种情况下,可减少钾肥的施用量。

(2)钾肥在轮作中的合理分配 钾肥在轮作中应优先用在喜钾作物上。喜钾作物受钾的影响程度由大到小的顺序为:豆科作物>薯类、甜菜、甘蔗、西瓜、果树>棉花、麻类、烟草>玉米>水稻、小麦。

①稻—稻轮作。因早稻多施用农家肥,故钾肥施在晚稻上效果好,而且晚稻田搁田、烤田的次数和天数比早稻少,土壤钾素不能很快释放出来,更易发生缺钾状况。所以,钾肥集中施在晚稻上,或者晚稻重施,早稻轻施,增产效果都很显著。

②绿肥—稻—稻轮作。据试验,每千克钾肥(K_2O)能增收鲜草150千克左右,豆科绿肥中约2/3的氮素是靠根瘤菌固定来的。因此,施钾后的绿肥翻压作早稻基肥,比钾肥直接施在早稻上更有利。如果不是绿肥,而是麦子或油菜,钾肥施在这些作物上或晚稻上较为有利;如果钾肥充足,这两种作物都施用适量的钾肥,增产效果更好。

③麦—稻轮作。水旱轮作、干湿交替时,旱作土壤更易缺钾。据四川省农业科学院土壤肥料研究所试验结果,土壤有效钾(K)含量低于50毫克/千克时,小麦应每亩增施钾肥(K_2O)4千克左右;高于70毫克/千克时,可以少施或暂不施钾肥。

④寒、旱地区的轮作。轮作中的大豆、油菜、小麦等作物,在寒

冷、干旱、阳光不足等恶劣环境下,增施或早施钾肥均能增强作物抗寒性,减少冻害,肥效较明显。

⑤不同作物品种对钾肥的反应。以水稻为例,据试验,对常规稻、籼稻以及广秋(矮秆)品种增施钾肥平均增产稻谷18%～19%;对杂交稻如汕优2号、矮优2号等品种增施钾肥平均增产稻谷32%～35%。

总之,在土壤缺钾的情况下,对喜钾作物应重施钾肥,对需钾多的高产品种和在轮作中更易缺钾的作物也应优先施用钾肥。

3.钾肥的施用期

钾肥可作基肥、种肥和早期追肥。无论水田还是旱田,钾肥均宜早施,以基肥为主。这对缺钾土壤和生长期短的作物尤其重要。

(1)基肥或早期追肥 作物的苗期往往是钾的临界期,对钾的反应十分敏感。虽然作物在苗期吸收钾量不到全生育期的1%,但苗期作物的个体小,相对需钾量较大。所以施钾肥应以基肥或早期追肥为主。

表4-3是湖南省农业科学院土壤肥料研究所钾肥施用期的试验结果。每亩施用钾肥(K_2O)5千克,分作基肥、分蘖肥和穗肥,稻谷分别增产12.4%、10.2%和6.6%,钾肥利用率分别为63.8%、55.3%和41.9%。由此表明,钾肥作基肥或早期追肥效果显著。又据浙江省绍兴、诸暨等市、县对水稻试验,钾肥以1/2作基肥,1/2作分蘖肥施用,肥效也很好。

早稻在有较充足的农家肥作基肥时,钾肥可推迟到分蘖早期及拔节孕穗期施用,此时钾肥的肥效还略优于作基肥;而晚稻钾肥应早施,以作基肥为宜。

第四章　钾肥

表4-3　钾肥不同施用期对水稻增产的影响

处理	产量（千克/亩）	增产量（千克/亩）	增产率（%）	每千克钾肥(K_2O)增产量（千克）	钾肥利用率（%）
不施钾肥	364	—	—		
钾肥作基肥	409	45	12.4	9.0	63.8
钾肥作分蘖肥	401	37	10.2	7.4	55.3
钾肥作穗肥	388	24	6.6	4.8	41.9

(2)果树等作物的追肥　对多年生作物和一些喜钾经济作物,既要重视施基肥,也要注意追肥。下面举几种作物为例。

①苹果盛果期果树的追肥,分别在发芽前、落花后和花芽分化期进行;梨树在盛果期多追果实膨大肥。每年每株追钾肥(K_2O)约0.5千克,约占全生育期钾肥用量的40%。

②西瓜幼苗长到15厘米左右时,每亩沟施钾肥(K_2O)3~5千克;当果实迅速膨大、幼瓜直径约15厘米时,每亩沟施钾肥(K_2O)5~7千克;在头棚瓜收获前、二棚瓜坐果后再追施钾肥(K_2O)4~6千克,以防茎叶早衰。

③每亩产125~250千克的烟田,钾肥可用在烟苗初出新根进行平穴小培土时,追施硫酸钾10~15千克,效果非常明显,但不能施用氯化钾。红烟的硫酸钾用量应比黄烟多。

(3)种肥　对未施基肥或基肥不足的间套种作物,可用硫酸钾作种肥。氯化钾不宜作种肥,因为它易影响附近种子发芽。

钾肥在砂质田里易渗漏,以分次施用为宜。还有一些土壤本身不太缺钾,由于氮肥用量过多,致使水稻等作物后期叶色浓绿,植株柔软,通风透光差,这时追施少量钾肥或叶面喷钾,有利于作物生长发育。

4.钾肥的施用量

钾肥的施用也具有"报酬递减"现象,用量过高或过低都不好。用量过高,每千克钾肥增产效益低,纯收益不高;用量过低,虽然每千

化肥施用技术

克钾肥增产效果好,但产量和质量上不去,纯收益低。目前在钾肥资源比较少的情况下,一般还做不到完全满足作物的需求,要因土壤和作物进行合理分配。

在缺钾的土壤上,以粮食作物每亩用钾肥(K_2O)5～8千克、经济作物10千克左右为宜。对豆科作物、甘蔗、甜菜、烟草、甘薯、西瓜、果树等喜钾的作物,钾肥用量可适当增加。土壤含钾量中等和农家肥用量较多的地块,经济作物每亩用钾肥(K_2O)5千克左右,粮食作物可以少施或暂时不施。据各地试验表明,在土壤缺钾的条件下,每千克钾肥(K_2O)一般能增产粮食5～10千克,当季利用率为45%～55%。

5. 钾肥的施用方法

我国土壤普遍缺氮,大部分缺磷,所以钾肥在缺钾土壤上必须配合氮肥或氮磷肥施用,才能有较好的增产效果。钾肥主要施用方法如下:

(1)水稻秧田肥 钾肥用于秧田面要比本田面施用量多,秧田肥一般每亩用钾肥(K_2O)8～10千克。施肥前先把秧板做好,将钾肥直接撒在秧板上,耙入泥浆中,整平即可播种。草木灰可结合盖秧施用,每亩用量为60～80千克,应与湿土混合,防止被风吹散。如果钾肥用于秧田追肥,宜早追,一般在秧苗3片叶以前追施。追施前应与细干土或细土粪拌和,也可以在没有露水时直接撒施,每亩用钾肥(K_2O)约5千克。

(2)水稻本田肥 钾肥易溶于水,易渗漏,施用时本田中的水不宜过多,应将多余的水排走,然后撒施钾肥,再耙匀拖平、插秧。施肥后3～5天内不要排水,同时尽量避免串灌和干湿交替排灌,减少土壤中钾素的淋失和固定。钾肥用于水稻本田基肥的施用方法与氮、磷肥类似。

(3)旱地作物基肥 钾肥往往与氮磷一起作基肥,采用撒施、沟施或穴施等方法,不同作物的施用方法与氮、磷肥一样。钾肥不能表施,否则作物根系很难吸收,也易引起钾的固定或淋失。碱性较强的草木灰、窑灰钾肥呈粉末状,应多作基肥,少作追肥,以免因黏附而烧伤幼苗。

(4)根外喷肥 作物生长期间表现缺钾时,尤其对于密植作物,可进行根外喷肥,作为根际施肥的补充。喷洒浓度大多为1%左右,即每亩每次用氯化钾或硫酸钾0.5千克,加水50升,叶面喷施可进行2次,在作物生育的中后期进行,每次相隔7~10天。

氯化钾和硫酸钾的施用方法一样。除烟草等忌氯作物和低洼盐碱地不宜施用外,氯化钾与等养分硫酸钾的肥效一样,都能改善作物品质,合理施用对土壤不会造成不良的影响。

6.钾肥与氮、磷肥的配合

氮、磷、钾三要素在作物体内对物质代谢的影响是相互促进、相互制约的,因此作物对氮、磷、钾的需要有一定的比例,即钾肥的肥效只有在氮、磷肥配合下才能充分发挥出来。试验表明:在一定量磷肥的基础上,氮、钾肥配合施用比单施氮肥有显著的增产效果;在氮肥用量高时,氮、钾肥配合施用尤为重要。氮、钾肥配合施用可以促进水稻对氮、钾的吸收及其在体内保持一定的平衡,也可以促进氮在体内的转化和蛋白质的合成。土壤缺钾是施钾肥的基础,氮、磷配合是施钾肥的首要条件。

7.气候条件对钾肥肥效的影响

气候条件对钾肥肥效的影响主要是通过土壤干湿、冻融、通气等条件的改变而表现出来的。如土壤通过冻融,可以促进土壤中含钾矿物质的风化,增加土壤速效性钾的含量,提高对作物的供钾能力。在作物生长期间,若土壤水分不足,会使土壤中钾离子活度下降,减弱钾离子的扩散,影响作物对钾的吸收。当土壤水分过多时,则土壤通气性差,作物吸收钾的能力受到抑制,而易出现缺钾现象。另外,土温偏高或偏低也影响作物对钾的吸收,如早稻前期温度低时,会影响各种养分的吸收,特别是磷、钾等养分,所以此时施用磷肥可获得良好的效果。

第五章 钙镁硫肥

一、钙 肥

钙是作物必需的营养元素之一。钙养分不仅影响作物产量,而且影响作物质量、抗病能力等。对土壤施钙肥除可补充钙养分外,还可借助钙物质调节土壤酸度和改善土壤物理性状。目前尚没有专用于补充钙养分的钙肥,一般都用含钙多的物质,如石灰、过磷酸钙、重过磷酸钙等。它们在提高土壤肥力、调节土壤反应、改良土壤物理性状的同时,可兼用作钙肥。

1. 钙肥的有效成分及性质

石灰和石膏是最常见的钙肥,下面主要介绍石灰的成分及性质。

(1)石灰的成分 石灰是一种钙质肥料。常见的石灰肥料有生石灰、熟石灰和石灰石。生石灰的成分是氧化钙,氧化钙含量在90%以上;熟石灰的成分是氢氧化钙,氢氧化钙含量为70%左右。

(2)石灰的性质 石灰为白色粉末,有时为块状,呈碱性。生石灰的吸湿性很强,遇水即转变为熟石灰,并放出大量热量。长期贮存中,生石灰与熟石灰均能吸收大气中的二氧化碳,进一步转变为碳酸钙,会因此而降低中和酸性土壤的能力。

对酸性土壤施用石灰的好处有很多,主要有:中和土壤酸性,减少土壤酸度对作物生长的危害;减少酸性土壤中活性铝对作物的危

第五章 钙镁硫肥

害。土壤因酸度大,活性铝就多,对作物来讲,很少量的活性铝就能使之中毒。

石灰中的钙使土壤胶体具有凝聚作用,能形成稳定性团粒结构,从而能改善土壤的水分和通气状况,钙与腐殖质结合形成的团粒结构是水稳性的(水浸不散),能促进矿物质胶体和腐殖质固定下来,不被淋失。

石灰可增加土壤中的有效养分。酸性土壤中游离铁、铝较多,施用过磷酸钙容易使磷被固定,形成磷酸铝和磷酸铁,很难被作物吸收利用。当施用石灰后,土壤酸度改变,从而减少了磷的固定,生成的磷酸钙较易被植物吸收利用;施用石灰可改善土壤酸度,有利于微生物的活动(微生物喜近中性的土壤环境),加快有机质的分解,增加土壤有效养分;石灰中的钙能代换出土壤吸附的钾、镁或其他元素,从而增加土壤溶液的有效养分。钼的有效性也随石灰的施用而增加。

(3)石灰的贮存　石灰不耐贮存,贮存时要特别注意防潮。

(4)石灰的施用　在酸性土壤上施用石灰时,施用量视土壤酸度大小来确定。一般按土壤代换酸来估算。在没有测试条件时,根据经验,种植水稻时每亩可施石灰 150 千克左右。

2.作物缺钙症状

作物缺钙表现为生长点首先出现症状,轻则呈现凋萎,重则生长点坏死。幼叶变形,叶尖呈弯钩状,叶片皱缩,边缘卷曲。叶尖和叶缘黄化或焦枯坏死。植株矮小或簇生、早衰、倒伏,不结实或少结实。主要作物缺钙症状如下:

小麦缺钙时生长点及茎尖端死亡,植株矮小或呈簇生状,幼叶往往不能展开,长出的叶片常出现缺绿现象。根系短,分枝多,根尖分泌透明黏液,似球形,吸附在根尖上。

玉米缺钙时表现为植株矮小,叶缘有时出现白色锯齿状不规则破裂,茎顶端呈弯钩状,新叶尖端粘连,不能正常伸展,老叶尖端也出现棕色焦枯。

棉花缺钙时植株矮小，叶片老化，果枝少，结铃少，生长点严重被抑制，呈弯钩状，叶片提前脱落。严重缺钙时，新叶叶柄下垂并溃烂。

大豆缺钙时一般叶片卷曲，老叶上会出现灰白色小斑点，叶脉变为棕色，叶柄软弱、下垂，不久即枯萎死亡。茎顶端呈弯钩状卷曲，新生幼叶不能伸展，易枯死。

花生缺钙时在老叶背面出现疤痕，随后叶片正面发生棕色枯死斑块，空荚多，籽实不充实。

水稻缺钙症状先发生于根及地上幼嫩部分，植株矮小，呈未老先衰状。幼叶卷曲、干枯，定型的新生叶片前端及叶缘枯黄，老叶仍保持绿色，结实少，秕粒多。

马铃薯缺钙时幼叶边缘出现淡绿色条纹，叶片皱缩。严重时顶芽死亡，侧芽向外生长，呈簇生状。易生畸形成串小块茎。

烟草缺钙时叶色淡绿，而后顶芽向下弯曲，幼叶的尖端及边缘枯萎。植株矮化，呈异常的深绿色，极端缺乏时，顶芽死亡。下部叶片增厚，有时也出现一些红棕色枯死斑点。如果开花期缺钙，则花及芽都有凋萎的倾向。花冠的顶部枯死，以雌蕊枯死现象最为突出，花冠上可能出现枯死的斑点。

番茄缺钙时上部叶片变黄，下部叶片保持绿色，生长受阻，顶芽常死亡。幼叶小，易成褐色而死亡。近顶部茎常出现枯斑。根粗短，分枝多，花少且脱落多，顶花特别容易脱落。果实出现脐腐病，果实膨大初期，脐部果肉出现水浸状坏死，以后病部组织溃烂、黑化、干缩、下陷。

黄瓜缺钙时叶缘似镶金边，叶脉间出现白色透明斑点，多数叶脉间失绿，主脉尚可保持绿色。植株矮化，节间短，顶部节变矮明显，新生叶小，后期从边缘向内干枯。严重缺钙时叶柄变脆，易脱落，植株从上部开始死亡，死组织呈灰褐色。花比正常小，果实小，风味差。

苹果缺钙时新生枝上幼叶出现褪色或坏死斑，叶尖及叶缘向下

第五章 钙镁硫肥

卷曲。较老叶片可能出现部分枯死。果突出现苦痘病,果实表面出现下陷斑点,果肉组织变软,有苦味。苹果水心病也是由缺钙引起的,病株的果肉呈半透明水渍状,由中心向外呈放射状扩展,最终果肉细胞间隙充满汁液而导致内部腐烂。

桃缺钙时顶部枝梢幼叶从叶尖到叶缘或沿中脉干枯,严重时小枝顶端干枯,大量落叶。

3.钙肥的施用方法

(1)石灰的施用方法 石灰可分为生石灰、熟石灰和石灰石粉,属强碱性。施用石灰除能给作物补充钙外,还能调节酸性土壤的酸碱度,改善土壤结构,促进土壤有益微生物的活动,加速有机质分解和养分释放;能减轻土壤中铁、铝离子对磷的固定,提高磷的有效性;能杀死土壤中病菌和虫卵以及消灭杂草。石灰主要用于酸性土壤,可以作基肥,亦可以作追肥。

①作基肥。结合整地将石灰与农家肥一起施入,也可以结合绿肥压青和稻草还田进行。水稻秧田一般每亩施15~25千克,本田每亩施50~100千克,旱地每亩施25~50千克,用于改土时每亩施150~250千克。

②作追肥。基肥未施石灰的可在作物生育期间追施,水稻可结合中耕每亩施25千克左右,旱地可以条施或穴施,每亩施15千克。

施用石灰应注意几点:首先,石灰不宜使用过量,否则会加速有机质大量分解,使土壤肥力下降,并易引起土壤板结和结构破坏;其次,石灰呈碱性,应施用均匀,以防止局部土壤碱性过大,影响作物生长,应避免与种子或根系接触;第三,对小麦、大麦等不耐酸的作物可适当多施,对豆类、甜菜、水稻等中等耐酸作物可以少施,对马铃薯、烟草、茶树等强耐酸作物可以不施。石灰后效期为2~3年,一次施用量较多时,不要年年施用。

表 5-1　主要含钙肥料及性质

品种	氧化钙(%)	其他成分(%)
生石灰(石灰石烧制)	84.0~96.0	—
熟石灰(消石灰)	64.0~75.0	—
石灰石粉(石灰石粉碎)	45.0~56.0	—
生石膏(变通石膏)	26.0~32.6	硫(S)15~18
磷石膏	20.8	磷(P_2O_5)0.7~3.7 硫(S)10~13
粉煤灰	2.5~46.0	磷(P_2O_5)0.1 钾(K_2O)1.2
骨粉	26.0~27.0	磷(P_2O_5)20~35
氯化钙	47.3	—
硝酸钙	26.6~34.2	氮(N)12~17

(2)石膏的施用方法　农用石膏有生石膏、熟石膏和磷石膏3种,均呈酸性。石膏主要施在碱性土壤,用于消除土壤碱性,起到改土和供给作物钙、硫营养的作用。

石膏可以作基肥、追肥,也可以作种肥。作为改碱施用宜作基肥,一般在土壤pH 9以上、含有碳酸钠的碱土中施用石膏,每亩施100~200千克,结合灌排深翻入土。为提高改土效果,应与种植绿肥或与农家肥和磷肥配合施用。石膏作为钙、硫营养施用时,在水田作基肥或追肥,每亩用量为5~10千克,用于蘸秧根时每亩用量为3千克左右。在旱地撒施于土表,再结合翻耕作基肥,基施每亩用量为15~25千克,也可以作为种肥条施或穴施,作种肥时每亩施4~5千克。

二、镁　肥

1.含镁肥料的成分及性质

镁对植物代谢和生长发育具有很重要的作用,主要参于植物叶绿素合成、光合作用、蛋白质合成、酶的活化等。不同植物含镁量不

第五章 钙镁硫肥

同,豆科植物地上部分的含镁量是禾本科植物的 2~3 倍。植株缺镁会导致叶绿素含量下降,出现失绿症,植株矮小,生长缓慢。双子叶植物缺镁时叶脉间失绿,并逐渐由淡绿色转变为黄色或白色,还会出现大小不一的褐色或紫红色斑点或条纹,严重时出现叶片坏死。禾本科植物缺镁时,叶基部会积累叶绿素,出现暗绿色斑点,其余部分为淡黄色,严重时叶片褪色而有条纹,特别典型的症状是叶尖出现坏死斑点。缺镁症状首先表现在老叶上,得不到补充再发展到新叶。

镁肥的主要种类有硫酸镁、氯化镁、钙镁磷肥等(表 5-2)。

表 5-2 主要含镁肥料及镁含量

肥料名称	主要成分	镁含量(%)
硫酸镁	$MgSO_4 \cdot 7H_2O$	9.6~9.8
氯化镁	$MgCl_2$	25.6
碳酸镁	$MgCO_3$	28.8
硝酸镁	$Mg(NO_3)_2$	16.4
氧化镁	MgO	55.0
钾镁肥	$MgSO_4 \cdot K_2SO_4$	7~8
硫酸钾镁	$K_2SO_4 \cdot 2MgSO_4$	11.2

2. 作物缺镁症状

植物缺乏镁元素时,症状首先表现在老叶上。开始时,叶的尖端和叶缘脉尖色泽褪淡,由淡绿色变成黄色再变成紫色,随后向叶基部和中央扩展,但叶脉仍保持绿色,在叶片上形成清晰的网状脉纹;叶片变黄,有时为杂色,叶脉仍绿而叶脉间变黄,有时呈紫色,出现坏死斑点;植株生长不旺盛。老叶由下至上从叶缘至中央渐失绿变白,叶脉上出现各色斑点,最后全叶变黄,严重时叶片枯萎、脱落。

主要作物的缺镁症状如下:

小麦叶片脉间出现黄色条纹,残留小绿斑相连成串,如念珠状。心叶挺直,下部叶片下垂,老叶与新叶之间夹角大。有时下部叶缘出现不规则的褐色焦枯。

玉米下部叶片脉间出现淡黄色条纹,然后变为白色条纹,严重时脉间组织干枯死亡,呈紫红色花斑叶,而新叶叶色变淡。

棉花老叶脉间失绿,叶脉保持绿色,网状脉纹十分清晰,有时叶片上有紫色斑块甚至全叶变红,呈红叶绿脉状,新定型叶片随后失绿变淡,棉桃和苞叶也变为浅绿色。

大豆生长前期脉间失绿变为深黄色,并带有棕色小斑点,但叶基及叶脉附近则保持绿色。生长后期缺镁时,叶缘向下卷曲,边缘向内逐渐变黄,以至整个叶片呈橘黄色或紫红色。

花生老叶边缘失绿,逐渐向中脉扩展,而后叶由绿色变成橘红色。水稻植株黄化,叶片脉间失绿,中下部叶从叶舌部分开始向下倾斜。

马铃薯老叶的叶尖及边缘褪绿,沿脉间向中心部分扩展,下部叶片发脆。严重时植株矮小,根及块茎生长受抑制,下部叶片向叶面卷曲;叶片增厚,最后失绿,叶片变成棕色而死亡脱落。

油菜苗期子叶背面及边缘首先呈现紫红色斑块,中后期下部叶片近叶缘的脉间失绿,逐渐向内扩展,失绿部分由淡绿色变为黄绿色,最后变为紫红色,植株生长受阻。

烟草下部叶片的尖端、边缘和脉间失绿,叶脉及周围保持绿色。极度缺乏时,下部叶片几乎变为白色,极少数干枯或产生坏死斑点。

番茄新生叶有些发脆,同时向上卷曲,老叶脉间呈黄色,而后变褐、枯萎。缺绿黄化现象逐渐向幼叶发展,结实期叶片缺乏症状加重,但在茎和果实上很少表现症状。

黄瓜症状从老叶向幼叶发展,最终扩展至全株。老叶脉间失绿,并从叶缘向内发展。轻度缺镁时,茎叶生长均正常。极度缺镁时,叶肉失绿迅速发生,小的叶脉也失绿,仅主脉尚存绿色。有时失绿区似大块下陷斑,最后斑块坏死,叶片枯萎。

苹果当年生较老叶片脉间呈淡绿色或灰绿色,而后变为黄褐色、暗褐色、坏死脱落。

第五章 钙镁硫肥

桃近顶部叶片明显褪绿,随后当年生枝条老叶或树冠下部叶片呈暗绿色、水渍状斑点及紫红色坏死斑。水渍状斑点转为灰色或绿白色,而后呈淡黄褐色至褐色,随后叶片脱落,或较老叶片的绿叶出现褪绿。

葡萄较老叶片脉间呈黄色斑点,在叶缘和叶脉间连成块状,而叶脉仍为绿色,或脉间有红色或紫色斑点。叶片早期脱落。

防治方法:用0.20%~0.40%的硫酸镁水溶液连续喷3~4次,每次间隔7~10天。严重缺镁的土壤每亩用5~10千克硫酸镁,于秋季或冬季混入基肥中施入土壤。

3.镁肥的施用方法

(1)作基肥、追肥 镁肥作基肥时要在耕地前与其他化肥或有机肥混合撒施或掺细土后单独撒施。作追肥时要早施,采用沟施或兑水冲施。每亩硫酸镁的适宜用量为10~13千克,折合纯镁为每亩1~1.5千克;一次施足后,可隔几茬作物再施,不必每季作物都施。

(2)叶面喷施 可在作物生长前期、中期进行叶面喷施镁肥。不同作物及同一作物的不同生育时期要求的喷施浓度往往不同,一般硫酸镁水溶液喷施浓度为果树0.8%~1.0%,蔬菜0.2%~0.5%,大田作物(如水稻、棉花、玉米)0.3%~0.8%。镁肥溶液喷施量为每亩50~150千克。

镁肥施用注意事项:

①镁肥要用于缺镁的土壤。一般认为高度淋溶的土壤,pH<6.5的酸性土壤,有机质含量低、阳离子代换量低、保肥性能差的土壤易缺镁。另外,因施肥不合理,长期过量施用氮肥、钾肥、钙肥的土壤,也会因离子间的拮抗作用而出现缺镁。

②镁肥要用于需镁较多的作物。需镁较多的作物:一是经济作物,如果树、蔬菜、棉花、桑树、茶树、烟草等;二是豆科作物,如大豆、花生等。

③施用镁肥要根据土壤酸碱度选用镁肥品种。对中性及碱性土壤,宜选用速效的生理酸性镁肥,如硫酸镁;对酸性土壤,宜选用缓效性的镁肥,如白云石、氧化镁等。

三、硫 肥

1.硫肥的成分及性质

硫主要在蛋白质合成和代谢、电子传递中起重要作用。缺硫植株的蛋白质合成受阻,导致失绿症,其外观症状与缺氮很相似。缺硫症状往往先出现于幼叶。植物缺硫时新叶失绿黄化,茎细弱,根细长而不分叉,开花结实推迟,果实减少。

硫肥的主要品种有硫酸钙、硫酸铵、硫酸镁和硫酸钾。施用硫肥能够直接供应硫素营养,由于硫肥还含有其他成分,故还能提供钙、镁等其他营养元素。

表 5-3 主要含硫肥料及硫含量

肥料名称	主要成分	硫含量(%)
石膏	$CaSO_4 \cdot 2H_2O$	18.6
硫黄	S	95~99
硫酸铵	$(NH_4)_2SO_4$	24.2
硫酸钾	K_2SO_4	17.6
硫酸镁(水镁矾)	$MgSO_4$	13
硫硝酸铵	$(NH_4)_2SO_4 \cdot 2NH_4NO_3$	12.1
普通过磷酸钙	$Ca(H_2PO_4)_2 \cdot H_2O \cdot CaSO_4$	13.9
硫酸亚铁	$FeSO_4 \cdot 7H_2O$	11.5

2.作物缺硫症状

植物缺乏硫元素的一般症状是植株矮小,叶片细小,叶片向上卷曲,变硬易碎,提早脱落,开花迟,结果少;嫩叶从叶脉开始黄化,最后直至全叶发黄,根系发育不正常。缺硫植物生长受阻,尤其是营养生长,症状类似缺氮,植株矮小,分枝、分蘖减少,全株体色褪淡,呈浅绿

第五章 钙镁硫肥

色或黄绿色。叶片失绿或黄化,褪绿均匀,幼叶较老叶明显,叶小而薄,向上卷曲,变硬,易碎,脱落提早。茎生长受阻,株矮、僵直、梢木栓化,生长期延迟。缺硫症状常表现在幼嫩部位,这是因为植物体内硫的移动性较小,不易被再利用。

主要作物的缺硫症状如下:

禾谷类作物植株直立,分蘖少,茎瘦,幼叶为淡绿色或黄绿色。水稻移栽后返青慢;不分蘖或分蘖少,植株瘦矮;根系呈暗褐色,白根少;成熟期延迟,产量降低。在中国南方,水稻移栽后常出现生长缓慢、叶片发黄的"坐蔸"现象,往往与缺硫有关。

小麦通常幼叶叶色发黄,叶脉间失绿黄化,而老叶仍为绿色。年幼分蘖,趋向于直立。

玉米初发时叶片叶脉间发黄,随后发展至叶片和茎部变红,并先由叶边缘开始,逐渐伸延至叶片中心。幼叶多呈现缺硫症状,而老叶保持绿色。

卷心菜、油菜等十字花科作物缺硫时最初会在叶片背面出现淡红色。卷心菜随着缺硫加剧,叶片正反面都发红发紫,叶片呈杯状反折过来,叶片正面凹凸不平。油菜幼叶呈淡绿色,逐渐出现紫红色斑块,叶缘向上卷曲成杯状,茎秆细矮并趋向木质化,花、荚色淡,角果尖端干瘪。

大豆生育前期新叶失绿,后期老叶黄化,出现棕色斑点。根细长,植株瘦弱,根瘤发育不良。

烟草整个植株呈淡绿色,老叶焦枯,叶尖向下卷曲,叶面出现凸起泡点。

马铃薯植株黄化,生长缓慢,但叶片并不提早干枯脱落,严重时叶片出现褐色斑块。

茶树幼苗发黄,称"茶黄",叶片质地变硬。

果树新生叶失绿黄化,严重时叶尖枯萎,果实小而畸形,皮厚、汁少。柑橘类还出现汁囊胶质化、橘瓣硬化。

十字花科作物为敏感作物,如油菜等,其次为豆科作物、烟草和棉花,而禾本科作物需硫较少。

缺硫防治方法:可用 0.3% 硫酸亚铁水溶液喷施,连续 3 次,每次间隔 1 周,喷雾时要求雾点细且匀。

3.硫肥的施用方法

常用的硫肥种类可作基肥、追肥和种肥。硫肥施用数量、施用方法和施肥时期一般因作物种类、土壤类型、施肥目的不同而异。作物在临近生殖生长期时是需硫高峰,因此硫肥应该在生殖生长期之前施用。若在作物生长过程中发现缺硫,可以用硫酸铵等速效性硫肥作追肥或喷施。施用量应根据土壤缺硫程度和作物需求量来确定,一般缺硫土壤每亩喷施 1.5~3 千克可以满足当季作物对硫的需要。肥料每亩用量为过磷酸钙 20 千克、硫酸铵 10 千克、石膏粉 10 千克、硫黄粉 2 千克。硫肥可单独施用,也可以和氮、磷、钾等肥料混合,结合耕地施入土壤。

第六章
微量元素肥料

一、微量元素肥料的重要性

目前,已确认的植物生长发育所必需的微量元素有 7 种,即铁(Fe)、锰(Mn)、硼(B)、锌(Zn)、铜(Cu)、钼(Mo)、氯(Cl)。由于氯广泛存在于自然界中,供应来源广,仅大气和雨水中的氯就远远超过作物的需求量,所以,农作物一般很少缺氯。其他微量元素主要由土壤和肥料提供,如果土壤贫瘠或施肥不合理,就会造成缺素症状,影响作物的正常生长发育。

据中国科学院南京土壤研究所自 1978 年以来对全国土壤微量元素锌、硼、锰、钼、铜、铁的含量的调查结果表明,我国大部分地区土壤的微量元素含量都存在不同程度的缺乏,其中,缺少微量元素铁、铜、钼、硼、锰、锌的耕地分别占总耕地面积的 5%、6.9%、21.3%、46.8%、34.5%和 51.5%。

微量元素肥料(简称"微肥")可改善作物的无机营养平衡,提高肥料利用率,使农作物的产量和品质大幅提升,并增强作物的抗病、抗寒、抗高温、抗干旱能力。

目前,由于传统化肥的施用量急剧增加,导致缺乏微量元素的土壤范围越来越大,而土壤中微量元素的缺乏会对作物的正常生长代谢产生不良影响,从而造成产量及品质下降等问题。如果不对土壤的微量元素含量进行适当的研究和准确的把握,并采取适当的措施,将会在很大程度上限制我国农业生产的发展。

二、各种微肥的增产效果

1.硼

硼在植物体内参与碳水化合物的转化和运输,影响细胞伸长和分裂,是开花结实和生长点(生长点是位于根和茎的顶端的部分)生长所必需的元素,对植物生殖器官的建成和发育有重要作用。所以,硼供给充足时,植物生长繁茂,籽粒饱满并且数量增多,根系发达,根用作物(如甜菜)的块根产量和含糖量增加;硼供给不足时,植物生长不良,产品的产量和质量会下降。严重缺硼时,有的农作物不能立苗,在幼苗期便会死亡;有的农作物(如油菜和小麦)只开花不结实,颗粒无收,或者开花和结实都很少,产量很低。这些情况都是硼的生理功能的反映。此外,硼可使植物的雄育期提前,提早开花、结实和成熟,对于北方寒冷地区和南方的两熟制和三熟制地区来说,提前成熟有重要意义。

对硼敏感的农作物很多,例如豆科植物(如花生、大豆和豆科绿肥作物)、十字花科植物(如油菜、花椰菜)、甜菜、烟草、马铃薯、麻类(尤其是亚麻)、向日葵、果树(如苹果、梨、桃、葡萄)、蔬菜(如芹菜、黄瓜)等。

虽然禾本科植物需硼量较上述农作物少,对硼不十分敏感,但是在缺硼情况下,产量仍会显著降低。

对十字花科植物施硼肥的效果最好。硼肥对油菜(甘蓝型)、花椰菜、芥菜、萝卜、白菜、包心菜、甘蓝都有良好的肥效,其中以油菜的肥效最为突出。

豆科植物的共生固氮作用与硼有密切关系。缺硼时,碳水化合物的运输不正常,不能及时地运输到根部,根瘤的结瘤情况不良,或

第六章 微量元素肥料

者完全不能结瘤,甚至不能固氮。试验证明,硼肥可使花生、大豆、蚕豆、绿豆增产,使紫云英等豆科绿肥作物的鲜草量和种子产量增加。而有的地方豆科绿肥作物不能留种或者种子产量很低,常常与缺硼有关。

根用作物对硼的需要量最多。硼能加速光合作用产物由叶片向块根(或块茎)运输,所以甜菜、甘薯、马铃薯、萝卜、胡萝卜、芜菁对硼肥都有良好反应。甜菜是需硼最多的作物,缺硼时发生腐心病,块根中空,空心处呈褐色,严重减产。施用硼肥有防治腐心病、增加产量和含糖量的作用。

纤维作物(如亚麻和棉花)对硼肥也有良好反应。硼肥可使亚麻茎秆增粗、种子产量增加,且能提高纤维质量,防止亚麻细菌病的发生。在一定情况下,棉花的落铃现象与缺硼有关,施用硼肥能防止或减轻落铃,提高产量。

许多果树(如苹果、梨、桃、葡萄等)对硼肥有良好反应。硼肥能使坐果率提高,与有关措施相配合,是提高产量的途径之一,并且可使果实中糖分和维生素含量增多,提高质量。缺硼时苹果和梨的果肉中出现坚硬的斑块,称为"木栓化现象",严重影响果品质量。有时木栓化现象出现在果皮表面,使果皮凹凸不平,果实干缩变形。桃也会出现干缩现象,称为"缩果病"。葡萄幼株喜硼肥,经常会发生缺硼症状,施用硼肥可使葡萄产量增加,糖分提高。

蔬菜对硼肥也有良好反应,除了上述的十字花科蔬菜以外,如芹菜、黄瓜、莴苣、番茄等,都随硼肥施用量的增加而增产,质量和耐贮存性提高,种子产量增加。对温室栽培的黄瓜和番茄来说,效果尤其突出。

综合上述,可将各种农作物对硼肥的反应分为三组:

需硼较多的作物:甜菜、苜蓿、三叶草、花椰菜、白菜、包心菜、甘蓝、萝卜、芹菜、莴苣、向日葵、苹果。

中等需硼的作物:大麦、玉米、小米、棉花、烟草、花生、大豆、豌豆、马铃薯、甘薯、葡萄、番茄、胡萝卜、洋葱、辣椒、芥菜。

需硼较少的作物：小麦、燕麦、柑橘、胡桃。

2. 锰

锰在植物体中的作用是多方面的，主要参与光合作用、氮的转化、碳水化合物的转移等多种生命活动，显著影响粮棉油糖作物、果树、蔬菜等的产量和品质。试验证实，在我国北方的石灰性土壤上，尤其是质地较轻的土壤（例如砂土）上施用锰肥的效果非常显著。

小麦、大麦、燕麦、玉米、小米、马铃薯、甘薯等粮食作物对锰肥十分敏感。其中以燕麦对锰最为敏感，燕麦的缺锰症状叫作"灰斑病"。其他禾本科植物有类似的缺锰症状。小麦施用锰肥后品质可明显改善，增产效果显著。例如，在江苏北部的黄河冲积物形成的砂质土（黄潮土）上施锰肥，小麦可增产6％～38％，平均增产11％；在陕西的娄土（娄土是一种重要的农业土壤，主要集中在陕西关中潼关以西，宝鸡以东，秦岭北坡以北及渭北高原一带）上施锰肥，小麦可增产9％～24％。

豆科作物对锰的需要量比粮食作物多。锰对花生、大豆、绿豆、苜蓿等的增产效果明显，且以花生、大豆的增产效果最好，可使花生的荚果数和成荚率增加、空瘪率下降、百仁重提高。豆科绿肥作物的鲜草重因施用锰肥而提高，株高、分枝数、根瘤数目有所提高，根瘤有所增大，根的重量和土壤耕作层中的含氮量也会增加。缺锰时根瘤菌的固氮作用会减弱。

甜菜是需锰最多的农作物之一，可作为土壤中锰的供给情况的指示作物。施用锰肥后，甜菜的块根产量增加，含糖量提高。甜菜缺锰时，出现缺锰症状，叶片中的叶绿素减少，出现黄色斑点，叫作"黄斑病"。

棉花、烟草、大麻、亚麻等对锰肥有良好反应。试验证实，用硫酸锰溶液处理棉花种子，或者在棉花盛蕾末期和棉蕾形成初期喷施硫

第六章 微量元素肥料

酸锰溶液,均能使棉花增产。

粮食作物需要锰肥的临界期主要在花期和籽实(果实)形成期,马铃薯为块茎形成期,根用作物(甜菜等)为块根形成期,此时施用锰肥效果最好。

综合上述,可将各种农作物对硼肥的反应分为三组:

需锰较多的农作物:燕麦、小麦、马铃薯、大豆、豌豆、洋葱、莴苣、菠菜。

需锰量中等的农作物:大麦、甜菜、玉米、三叶草、芹菜、萝卜、胡萝卜、番茄。

需锰较少的农作物:苜蓿、花椰菜、包心菜。

3. 锌

锌是一些酶的组成成分,并且与叶绿素和生长素的合成有关。锌参与碳水化合物的转化。锌肥能提高籽实产量和籽粒重量,改变籽实与茎秆的比率,提高植物的抗寒性和耐盐性。植物缺锌时叶片失绿,光合作用减弱,节间缩短,植株矮小,生长受抑制,产量降低。

对锌敏感的农作物有玉米、水稻、亚麻、蓖麻、棉花、甜菜、三叶草、果树和一些豆类作物。试验表明,江苏铜山石灰性土壤施用锌肥后可使水稻增产$7\%\sim23\%$,江苏宿迁玉米喷施锌肥可使产量提高$14\%\sim29\%$。

4. 铜

铜是一些酶的组成成分,与叶绿素形成和蛋白质合成有密切关系,并且能够提高植物的呼吸强度。植物缺铜时叶绿素减少,叶片出现失绿现象,繁殖器官的发育受到破坏。谷类作物缺铜时穗和芒的发育不全,空瘪率高,产量显著降低,严重时植株死亡。玉米、亚麻、蓖麻、甜菜、豌豆等对铜都很敏感。果树如苹果树、李树、梨树、桃树、杏树等都易出现缺铜症状,导致产量和品质降低。

按照植株对铜肥的反应,可将农作物分为四组:

需铜多的农作物:小麦、洋葱、莴苣、菠菜。

需铜较多的农作物:大麦、燕麦、花椰菜、胡萝卜、向日葵。

需铜量中等的农作物:马铃薯、甘薯、甜菜、苜蓿、三叶草、亚麻、包心菜、黄瓜、萝卜、番茄。

需铜很少或者不需铜的农作物:玉米、油菜、大豆、豌豆和其他豆类。

5. 钼

钼在植物中与氮、磷和碳水化合物的转化或代谢过程有着密切关系。钼参与氮的转化和豆科植物的固氮过程。钼的供给不足时,蛋白质的合成和固氮作用受阻。

在各种植物中,豆科和十字花科植物对钼肥的反应最好。由于钼与固氮作用有密切关系,豆科植物对钼肥有特殊的需要,所以钼肥应当首先集中施用在豆科植物上。施钼肥可使大豆株高、分枝数、单株荚数、饱荚数、千粒重增加;使花生的单株荚果数、百果重和百仁重提高,空瘪率降低,产量增加。

豆科绿肥作物对钼肥同样有良好的反应。钼肥可使绿肥作物的株高、分枝数、单株荚数、单荚粒数和种子千粒重增加。钼肥对绿肥作物具有提高鲜草重量、种子产量和氮磷含量的作用。

十字花科植物施用钼肥后增产效果明显。花椰菜对钼非常敏感,可作为判断土壤中钼的供给情况的指示植物。

6. 铁

铁参与叶绿素的形成和呼吸作用,是植物能量代谢的重要物质。植物缺铁会影响生理活性、养分吸收和生物固氮。所有的土壤中都含有大量的铁,有的土壤含铁量达10%以上。虽然土壤含铁量很高,但是由于土壤条件的关系,在一定类型的土壤中(主要是石灰性土壤),植物有效态铁含量却往往不足,不能满足植物的需要,以致发生缺铁症状。在我国北方,缺铁的土壤分布非常广泛。对铁敏感的作物有花生、玉米、高粱、马铃薯、蔬菜(如菠菜、番茄)等。

三、作物缺乏微量元素的主要原因

近年来,作物缺乏微量元素的现象逐渐增多,从症状表现与环境的关系看,作物缺乏微量元素与作物品种、土壤条件、施肥技术等有关。主要原因有以下几个方面。

1. 高产品种的引用

高产品种的引用导致微量元素缺乏的主要原因有两个:首先,作物吸收微量元素养分的能力不高。目前,我国育种专家选育品种的主要指标是产量,对作物的养分需求状况考虑不多,致使高产品种与一般品种之间养分吸收、利用的能力差异不大。而高产品种要实现高产目标,需要从土壤中吸收更多的养分,包括微量元素,采用一般的作物栽培技术则易引发微量元素供应的不足。在生产上,经常可以看到,肥力偏低的土壤种植高产品种甚至不如普通品种表现好,很大程度上就是这个原因造成的。其次,由于作物的高产,吸收了土壤中更多的微量元素养分,致使养分含量迅速下降,养分供应不足。

2. 土地平整和低产田开发

随着城镇化的快速发展,我国农业现代化水平也在不断提高。为适应现代农业生产的需要,各地相继开展了大规模的土地整理工作,平整土地是主要工作内容。土地平整后,大量的下层土壤暴露在地表,造成土壤养分贫瘠,再加上下层土壤的理化性质不适应植物生长的需要,影响作物生长、降低作物吸收养分的能力,易出现养分(包括微量元素)供应的不足。

3. 耕作制度的改革

耕作制度是结合了人们的意愿和农业资源条件建立的农作物种植制度,合理的耕作制度是提高农业生产水平的重要手段。随着人口的增加和人们生活水平的提高,社会对农产品的需求越来越高,为了保障农产品的有效供给,我国各地都对不适应社会需求的传统耕作制度进行了改革。耕作制度的改革,导致了复种指数提高和单位面积作物产量增加,这加剧了土壤微量元素养分的消耗。

4. 农业集约化生产的发展

在高投入、高产出的集约化生产理念指导下,农业投入不断增加。由于缺乏科学的指导,很多地方投入的增加反而产生了一些不良影响。以肥料投入而言,主要是大量元素养分投入的增加明显,而微量元素的投入很少,随着时间的推移,不少地方出现了普通农户生产正常,而具有一定规模、采用集约化生产模式的农户或农业生产单位,其农作物却出现微量元素缺乏的现象。

5. 养分供应不平衡

由于多种原因,如对微量元素缺乏的认识不足,由于化学肥料纯度提高而随化肥副成分带入的微量元素减少,有机肥料投入少等。我国的农业生产中,大量元素投入多、微量元素投入少、养分供应不平衡的现象十分普遍,长此以往,土壤微量元素供应不足的问题必将显现出来。为避免微量元素缺乏对农业生产的影响,要在农业科技部门的指导下,按照"有效、安全"的原则增加微量元素的供应量。

6. 农产品商业化导致微量元素归还量减少

现代农业生产技术的运用大大提高了农业生产效率,导致农产品的商品化率逐年增加,从而打破了传统农业生产方式下养分的封闭循环模式。养分以商业农产品的方式被大量转移出农田,微量元素以农业废弃物的形式归还土壤的数量显著减少,若不适时补充农产品带走的微量元素养分,将导致作物缺乏微量元素。

四、微量元素缺乏的土壤条件

1. 土壤中微量元素全量和有效态含量的区别

土壤中微量元素的总含量通常称为"全量"。全量中又根据是否被植物利用分为可给态和不可给态两部分。可给态是指能被植物吸收利用的部分,称作"有效态含量"或"速效态含量";不可给态也叫"固定态",是指植物无法吸收的,至少是暂时不能吸收的部分,即全量减去有效态含量剩下的部分。在土壤中,微量元素的不可给态往往占绝大部分。有效态的含量一般很低,但它却起着决定性作用。通常说土壤缺乏不缺乏微量元素,就是看其有效态含量。有些土壤微量元素的全量比较高,但它的有效态含量却很低,生长在这种土壤中的农作物依然会因缺乏该元素而出现缺素症状。

2. 影响土壤中微量元素含量的因素

(1) 土壤"先天性"缺乏微量元素 土壤中微量元素的来源是成土母质。在微量元素含量极少的岩石上形成的成土母质,以及在此母质上形成的土壤,常会出现这些微量元素缺乏的状况。这就是一些土壤缺乏微量元素的"先天性"原因。

(2) 土壤形成过程对土壤微量元素含量的影响 与土壤形成过程密切相关的一些活动,如植物的生长、死亡以及土壤动物、微生物的活动等,可引起土壤微量元素含量的累积和迁移。如植物的生长可以从整个土层中吸取微量元素,又通过枯枝落叶堆积在土壤的表层,使土壤表层的微量元素含量特别是有效态含量比底层高。但如果表层土壤流失,就可能使土壤缺乏微量元素。植物根部的分泌物可以促进不可给态的微量元素分解并释放出来,从而增加有效态微量元素的含量。

(3)人类活动对土壤微量元素的影响 工业生产排出的废水、废气和废渣,某些化肥与农药的使用都可以给土壤带进或多或少的微量元素。一些耕作措施和耕作习惯可能改变土壤微量元素的含量,特别是有效态的含量与分布状况。如在中性和偏碱的土壤中施用一定的酸性肥料,可以增加土壤有效锌的含量,但如果施用石灰或其他碱性、钙质肥料,则会降低有效锌的含量。

3.各种微量元素缺乏的土壤条件

(1)缺锌 淋溶强的酸性土壤(尤其是砂土)的全锌含量很少,有效态锌含量更少。如果在这些土壤中大量施用石灰,有效锌又会被吸附和固定,会加剧土壤缺锌的现状。

有时花岗岩风化母质形成的土壤含锌量也很低,这是由于形成这些土壤的母质中锌的含量原本就较低。

一些有机质土壤,如泥炭土和腐泥土,由于水分太多,有机质分解不完全,使未分解的有机质大量累积。在这种条件下,土壤中的锌与有机质结合成难被植物利用的形态,易造成土壤缺锌。

新平整的土壤或修梯田后表土未复位的土壤,因有效锌含量低的心土(介于表土层与底土层之间的一层土壤)暴露在表层,而肥力高、有效锌含量较高的表土则散失或被埋在底下,造成表土有效锌缺乏。

大量施用石灰和磷肥的土壤。大量施用石灰能提高土壤的pH,而且石灰和磷肥本身也可以固定锌,这就使土壤有效锌含量大为减少,从而导致缺锌。同时,磷还会减缓锌从根系向植株上部转移,并造成植物体内磷锌比例失调,进而引起代谢失常。

大量施用氮肥,特别是大量施用尿素的土壤也常引起锌的缺乏。

土壤板结或地下水位高的土壤,常因植物的根系发育受到限制而引起缺锌。老果园除了土壤板结限制根系发育外,还可能因土壤中的锌由于长期利用得不到补充,而造成锌不足。

(2)缺硼　石灰性土壤,特别是含游离碳酸钙的土壤中,硼易被固定,常引起有效硼含量低。

淋溶性强的酸性土壤往往处于高温或冷湿的条件下,土壤的淋溶作用非常强烈,硼与很多营养元素一样,在长期的淋溶作用下大量流失,易造成表层土壤全硼、有效硼含量都低的状况。

质地轻的砂土的砂粒多,且又易被淋失,容易缺硼。

酸性的腐泥土、泥炭土、沼泽土以及其他排水不良的富含有机质的土壤中,硼也容易被吸附固定。

腐殖质含量低的瘠薄土壤的肥力低,有效硼含量也低。

pH 在 7.1～8.1 之间的土壤中,硼的可给性大为降低,很容易引起缺硼。

(3)缺钼　pH 低于 6.0 的酸性土壤中,钼极易被固定,而 pH 超过 6.0 的土壤,特别是碱性土壤中,钼极易被释放。因此在酸性的土壤上栽种豆科植物时,常需要施用适量的石灰。这不但可以补充豆科植物生长时所需要的钙,同时也可以在一定的范围内提高土壤对钼的释放能力,增加土壤有效钼的含量,达到增产的目的。

含钼量低的中性和石灰性土壤中,钼虽然较易释放,但因全钼含量很低,释放出来的有效钼仍不能满足植物生长的需要,因此仍然会表现出缺钼症状。

黄土母质形成的土壤以及酸性砂质土壤,其母质中钼的含量一般都较低,加上酸性条件下钼又容易被固定,因此经常易出现缺钼现象。

(4)缺锰　质地轻的石灰性土壤通常含锰量低,若又存在大量对锰有吸附固定作用的含钙矿物质,就很容易引起有效锰含量过低现象。如果这种土壤处在水旱轮作的条件下,更易出现农作物缺锰现象。

富含钙的成土母质所形成的土壤,有时尽管全锰含量较高,但因土壤富含大量能吸附固定锰的钙质矿物,所以依然会发生锰缺乏的现象。

在酸性土壤上过量施用石灰,一方面会提高土壤的 pH,同时又增加了钙含量,这两方面都会使土壤中有效锰含量减少,从而引起锰缺乏。

排水不良、富含有机质的石灰性土壤也很容易使锰被吸附固定下来,造成土壤锰缺乏。

有效锰在 pH 大于 6.5 的土壤上释放能力大为降低,使有效锰含量迅速减少,引起锰缺乏。

(5)缺铜 碱性和石灰性土壤,特别是砂土中,pH 与含钙矿物质对土壤中铜的作用类似于对锌的作用。在碱性和石灰性土壤中,铜的可给性都会降低。pH 大于 7.0 时,有效铜的含量会明显下降。含钙物质对铜也有吸附固定作用。因此,碱性和石灰性土壤中容易出现缺铜现象。

淋溶性强的酸性土壤,特别是砂土中,大多数营养元素的淋溶作用都很强烈,铜在长期的淋溶中也大量损失,因而造成缺铜。

有机质土壤,如泥炭土、沼泽土、腐泥土等土壤中,铜极易被未充分分解的有机质吸附固定,而引起有效铜的不足。

施用大量氮肥的土壤易缺铜。

正常土壤的全铜含量为 15~40 毫克/千克,平均为 20 毫克/千克。矿质土壤全铜含量低于 6.0 毫克/千克时容易发生缺铜现象。有机质土壤则不一样,当全铜含量高达 30 毫克/千克时,也可能出现缺铜现象,这是由有机质对铜的吸附固定而致的。

(6)缺铁 石灰性土壤、施用大量厩肥(家畜粪尿和垫圈材料、饲料残渣混合堆积并经微生物作用而制成的肥料)的碱性土壤中,大量游离碳酸钙会抑制土壤有效铁的释放,增加了缺铁的可能性。厩肥中大量尚未充分分解的有机质对铁也有吸附固定的作用,会加剧土壤中铁的缺乏。

土壤中存在大量的盐分会抑制植物对铁的吸收。含有大量碳酸根离子的土壤和二氧化碳含量过多的通透性不良的土壤,含有大量锰、铜、锌的土壤和缺钾的土壤中会出现缺铁现象。

施用大量磷肥的土壤中,因磷过多会抑制铁的活性,可加剧缺铁的症状。

土壤 pH 高的土壤易出现缺铁现象。在酸性条件下,土壤中可给态的铁比较丰富,pH 6.0~6.8 时也不易造成缺铁。但 pH 超过 7 时,就存在缺铁的可能性。此外,温度过高或过低都会加重铁缺乏。

五、微量元素的评价标准

1. 目前国内外微量元素的评价标准

(1)硼 土壤中的全硼含量仅能作为潜在供肥能力的指标,不宜用来判断土壤中硼的供给能力。土壤中的有效态硼(用水溶态硼来表示)是指可被作物立即吸收利用的硼。

从目前现有资料看,有效态硼的缺乏临界浓度为 0.5 毫克/千克。即当土壤中有效硼含量低于 0.5 毫克/千克时,说明土壤十分缺乏硼肥,此时,施用硼肥会明显提高作物的产量、改善作物的品质。

若土壤有效态硼在 0.5~1.0 毫克/范围内,土壤处于缺硼临界边缘值,如果种植对硼敏感的作物,如油菜、甘蓝等,也应该施用硼肥。一旦土壤中有效硼浓度大于 1.0 毫克/千克时,则不用施硼肥,此时作物一般不会出现缺硼症,相反若施用不当,还会引起硼中毒而造成减产。

上述的指标是对一般土壤而言,有一定局限性,根据土壤类型和作物种类可作进一步的区分。

(2)锰 评价锰的丰缺以有效态锰为准。有效态锰的临界指标有两种不同表示方法:交换态锰和易还原态锰。交换态锰是指用

化肥施用技术

DTPA等螯合剂提取的锰,但国内外对其临界值指标存在较大争议,安徽省土壤统一采用7毫克/千克作为交换性锰的临界值。研究表明,河南省土壤易还原态锰的临界值为10毫克/千克;陕西省土壤水稻土易还原态锰的临界值为20毫克/千克。

(3)锌　锌的评价指标因不同的土壤分析方法和作物而异。目前将土壤有效锌临界值(DTPA提取)定为0.50毫克/千克。

若土壤有效锌含量低于0.50毫克/千克,一般作物都可能会出现缺素症状,产量会严重减少。若土壤含有效锌在0.50~1.00毫克/千克之间,土壤处于缺锌边缘值,对比较敏感作物(如水稻、玉米等)补充锌肥会获得显著的经济效益。若土壤中有效态锌含量大于1.00毫克/千克,可以暂不施用锌肥。

(4)铜　我国土壤中有效铜含量变幅较小,目前通常将铜的临界值(DTPA提取)定为0.2毫克/千克。近年来研究表明,在土壤有效铜含量大于0.2毫克/千克的耕地上施用铜肥,苹果、小麦等均能获得增产。

(5)钼　目前,普遍将土壤有效钼的临界值(草酸-草酸铵溶液提取)定为0.15毫克/千克。若土壤有效钼含量低于0.15毫克/千克,说明缺乏钼肥,种植豆科等作物时,必须施用钼肥才能获得较高产量。若土壤有效钼含量在0.15~0.2毫克/千克之间,说明土壤处在缺钼边缘值范围,对钼敏感作物应该施用钼肥。若土壤有效钼含量大于0.2毫克/千克,一般不用施用钼肥也不会出现缺钼症状,相反,过量施钼会带来危害。

(6)铁　目前国内外采用以下指标评价有效铁的含量:土壤中有效铁含量在0~2.5毫克/千克之间表示缺乏;土壤中有效铁含量在2.5~4.5毫克/千克之间表示处在缺乏边缘值;土壤中有效铁含量在4.5毫克/千克以上表示充足。

需要说明的一点是,随着科学技术水平的发展、耕作模式的改变、作物产量提高及氮、磷、钾化肥用量增加,临界值指标需要根据土

第六章 微量元素肥料

壤养分和作物类型不断修正,才能符合实际生产。

2. 安徽省土壤微量元素含量分级

安徽省土壤微量元素的含量分级见表 6-1。

表 6-1 安徽省土壤微量元素含量分级

元素	浸提剂	临界值	分级指标				
			极缺 5	缺 4	中等 3	丰富 2	很丰富 1
硼	沸水	0.5	<0.25	0.25~0.50	0.51~1.00	1.01~2.00	>2
锰	DTPA	5	<1	1~5	5~15	15~30	>30
锌	DTPA	0.5	<0.5	0.5~1.0	1.1~2.0	2.1~5.0	>5.0
铜	DTPA	0.20	<0.1	0.1~0.2	0.2~1.0	1.1~1.8	>1.8
钼	草酸—草酸铵	0.15	<0.10	0.10~0.15	0.16~0.20	0.21~0.30	>0.30
铁	DTPA	4.5	<2.0	2.0~4.5	4.6~10	10.1~16	>16
级别			Ⅴ	Ⅳ	Ⅲ	Ⅱ	Ⅰ

注:采用第二次土壤普查时的养分分级标准,将安徽省的土壤微量元素含量划分为5个等级。

六、微量元素缺乏的诊断

土壤是否能够为植物提供足够的微量元素,植物对微量元素的需求是否能得到满足,可以通过土壤或植物来进行诊断,以便在微量元素供给不足时,及时合理施用微量元素肥料,保证农作物能够正常生产,进而获得高产。

1. 植物外部形态诊断方法

微量元素供给不足时,植物会产生营养失调现象,严重时往往在一定部位出现特有症状。

(1)缺硼表现症状 茎尖生长点生长受抑制,严重时萎缩死亡,节间短促,侧芽大量发生,形成多头大簇。叶片肥厚、粗糙、发皱卷曲,呈现失水状凋萎。叶柄和茎变粗、变厚或开裂,枝扭曲畸形,茎基部膨大。繁殖器官受影响最明显,开花结实不正常,花粉畸形,花蕾、花冠和子房易脱落,果实种子不充实,花期延长。豆科植物根系结瘤少或不能固氮。典型的缺硼症状有甘蓝型油菜的花而不实、萝卜的褐心病和水心病、甜菜的心腐病、芹菜的裂茎病、烟草的顶腐病、苹果的内木栓病和干斑病等。

(2)**缺锰表现症状** 缺锰症状首先表现在幼嫩叶片上,叶片脉间失绿或呈淡绿色,叶脉呈深绿色、条纹肋骨状,受害叶片失绿部分变为灰色,局部坏死,先在叶尖处发生一些褐色斑点,并扩散到叶子的其他部分,最后很快卷曲凋萎。植株生长瘦弱,花发育不良。典型的缺锰症有燕麦的灰斑病、豆类的沼泽斑点病、甜菜的黄斑病、菠菜的黄病等。

(3)**缺锌表现症状** 植株生长受抑制,节间生长受阻,植株矮小,节间缩短,叶片扩展伸长受到阻滞,形成小叶,并呈叶簇状。叶脉间特别在老叶上出现淡绿色、黄色或白色锈斑。大田间可见植株高低不齐,成熟期推迟,果实发育不良。如水稻僵苗、果树小叶病等,都是典型的缺锌症状。

(4)**缺铜表现症状** 新叶失绿发黄,叶尖发白卷曲,叶脉间出现坏死斑点。节间缩短,植株矮小,分蘖及侧芽增多,呈丛生状。繁殖器官的发育受阻,禾本科植物常形成空穗,果树的开花结果常受到严重影响。禾本科植物和果树对缺铜最为敏感,危害也最大。

(5)**缺钼表现症状** 叶片容易出现斑点,叶边缘发生焦枯,向内卷曲,并呈失水状萎蔫。有时生长点死亡,花的发育受到抑制,籽实不饱满。十字花科植物会出现"鞭尾"现象,豆科植物根瘤发育受阻,根瘤少而小。最典型的缺钼症状是花椰菜的鞭尾病和柑橘的黄斑病。

(6)**缺铁表现症状** 症状先从幼叶上开始,在叶片的叶脉间和细网状组织中出现失绿症,而叶脉仍保持绿色,明显可见叶脉深绿而脉间黄化,黄绿相间明显。严重时叶片逐渐变白并出现坏死斑点,叶片逐渐枯死,可导致生长停滞或植株死亡。果树的白叶病、黄化病及梢枯现象是典型的缺铁症状。

2.植物对微量元素缺乏的耐受性

有些微量元素缺乏症的特征容易在特定作物上表现出来。所以,把容易发生缺乏症的植物作为标识植物,可作为诊断微量元素缺乏的一种手段。不同作物对微量元素的耐受性见表6-2、表6-3、表6-4、表6-5、表6-6。

表 6-2　不同作物对缺铁的耐受性

耐受性弱的作物	耐受性稍强的作物	耐受性强的作物
草莓、蜜柑、菜豆、亚麻、甘蔗、葡萄、薄荷、花生、大豆、苏丹草、核桃	苜蓿、大麦、玉米、棉花、豌豆、燕麦、水稻、大豆、小麦	高粱、马铃薯、甜菜

表 6-3　不同作物对缺锰的耐受性

耐受性弱的作物	耐受性稍强的作物	耐受性强的作物
苜蓿、蜜柑、燕麦、洋葱、马铃薯、大豆、糖用甜菜、小麦	大麦、玉米、棉花、菜豆、水稻、黑麦、大豆、小麦、蔬菜类	果树类

表 6-4　不同作物对缺硼的耐受性

非常敏感作物	敏感作物	耐受性强的作物	耐受性非常强的作物
豌豆、黄瓜、菜豆	芹菜、甜瓜、豌豆、马铃薯、南瓜	甘蓝、萝卜、菠菜、甘薯、洋葱、莴苣、黄秋葵、胡椒	甜菜、花椰菜、西红柿

表 6-5　不同作物对缺锌的耐受性

耐受性弱的作物	耐受性稍强的作物	耐受性强的作物
菜豆、大豆、玉米、啤酒花、葡萄、亚麻、蓖麻	马铃薯、西红柿、洋葱、苜蓿、高粱、甜菜、苏丹草、红三叶草	禾本科作物、豌豆、石刁柏、芥菜、胡萝卜

表 6-6　不同作物对缺铜的耐受性

敏感作物	耐受性强的作物
西红柿、甜菜	燕麦

3. 叶片诊断方法

从外部形态诊断作物是否缺乏微量元素存在一定困难,难以得到可靠的结论。叶片诊断方法是用各种方法使微量元素溶液进入农作物的叶脉间、叶柄及枝条上,如用喷雾器将溶液喷洒到叶片上、将溶液涂抹在植物上、将叶尖剪去后浸入微量元素溶液中等方法,然后观察复绿情况。假如经过微量溶液处理后,缺素情况消失,即说明植物缺乏该元素。需注意,在发病现场喷施时,喷与不喷的区域一定要用塑料布等隔开,以免肥液飞溅到对照区,影响试验结果的准确性。

叶片灌注或浸渍就是将待测的微量元素制成 0.05%~0.1% 的溶液,设法使其进入发病植物的体内,注意观察植物色泽的变化。如叶尖浸渍是将叶片切去一部分浸入试液中,禾本科作物叶片一般切去约 1/8,宽叶植物切去约 1/4;枝条灌注是将嫩枝尖端剪去,将其插入相同直径的胶管中,使其紧密不漏液,另一端连接上盛有试液的玻璃瓶,瓶子应高于枝尖,使试液瓶内具有一定压力,能将试液注入枝条;根部灌注的方法与枝条灌注相同。

4. 植物化学分析方法

在植株生长的正常部分和不正常部分取样分析,或者对正常植株和不正常植株的同一部分取样分析,测定微量元素含量,进行对比,根据含量的差异作出判断,可确定缺乏的是何种微量元素。在进行大量试验后,根据正常含量范围、缺乏微量元素的含量和临界含量,可以作出准确的判断。

植物的化学分析应在一定的生长阶段、在植物的一定部位取样。常用的取样部位是叶片。植物的化学分析除了证实目视诊断和叶片诊断的结果以外,对于及早发现潜在性缺乏也有特殊意义。

采集植株样品时应注意:植株应采集足够数量的、有代表性的、相同部位的样本,并按规定用蒸馏水清洗、烘干。若需要测定其中某些有机物含量,应及时置于 80~90℃ 烘箱中烘半小时。发病与未发病植株应来自于同一品种、同一生育期,其栽培、施肥条件也应一致。通常采集倒数第一、第二全展叶或新叶分析。对正常植物和不正常植株的测定结果作对比,根据含量差异进行判断,可确定缺乏何种微量元素。

表6-7　植物叶片中微量元素含量范围和判断标准

元素	缺乏(毫克/千克)	适量(毫克/千克)	过量(毫克/千克)
硼	<0.1	0.5~20	—
锰	<15	20~100	>200
锌	<20	20~500	>500
铜	<20	25~150	>400
钼	<4	5~20	>20
铁	<50	50~250	—

注:因植物种类和土壤类型不同,要根据具体情况来确定标准,表中的数值仅供参考。

5. 土壤化学分析方法

采用对角线法或蛇形法采集一定量的土壤样品,测定该土壤的微量元素含量,作为这块地的土壤向植物供给有效态养分多少的一个指标。然后对照土壤评价标准来判断微量元素的供给情况,这个过程称为"土壤化学分析方法"。

采集土样时应注意:土壤样品的采集应注意取样工具和包装品的清洁,最好用竹木工具或不锈钢刀取样,用清洁塑料袋盛装。晾干土样时,可用塑料布或白纸,不能用报纸,同时在土样上面覆盖一层白纸,以免灰尘落到土面上,引起分析误差。分析土壤中微量元素时的取土要求比常规分析氮、磷、钾时的取土要求更严格,前者自始至终不能接触铁器或有污染的化学品,否则分析误差会很大。采回的土样晾干后用玛瑙研钵研磨。将研磨后的土样分别通过80目和100

目尼龙网筛,贮放于塑料袋中待测。分析大量元素含量时,可用粉碎机研磨,网筛可以用铜筛,分析微量元素时则一定要用塑料板、尼龙筛,应严格区分。

6. 温室和田间试验诊断法

判断作物缺素症最可靠的方法是生物试验,即把相应的肥料施用于产生缺素症的作物上进行验证。如果有效,则确定缺乏此种元素;如果生物试验无效,则可排除这种元素缺乏的可能性。这种方法可以在已发病的作物上进行,也可以重新播种试验,但都要有多次重复。

(1)田间试验 田间试验是对效果进行验证,一般用大面积对比法、小区试验法。应严格按照肥料试验操作规程在典型发病土壤上作肥效试验。

(2)温室盆栽试验 温室盆栽试验可以比较和测定土壤的养分供给能力和肥料需要量,可以排除外界干扰,进一步验证诊断结果。

盆栽试验最好在发病地区进行,用当地发病的土壤种植和当地的水灌溉。盆栽试验可采用幼苗法,在幼苗期看到差异即可停止,也可进行到收获时为止。

无论是田间试验还是温室盆栽试验,最好用发病地区种子播种。因为种子中富集了很多的微量元素,而不同地方的种子微量元素含量差别很大。如用含微量元素丰富的地区的种子在缺素地区播种,植株很可能在整个生育期都不出现缺素症。

七、常用微肥种类、性质、施用方法与用量

1. 常用微肥的种类

(1)硼肥 目前常用的硼肥是硼酸及硼砂。硼酸(H_3BO_3)含硼 17%,易溶于水;硼砂($Na_2B_4O_7 \cdot 10H_2O$)含硼 11%,可溶于 40℃温

水;硼泥含硼 0.5%～2.0%,部分溶于水。

(2)锰肥 硫酸锰($MnSO_4 \cdot 3H_2O$)含锰 26%～28%;氯化锰($MnCl_2 \cdot 4H_2O$)含锰 17%;碳酸锰($MnCO_3$)含锰 31%;氧化锰(MnO)含锰 41%～68%。目前常用的锰肥是硫酸锰。

(3)锌肥 目前,我国使用的锌肥主要是硫酸锌,其次为氧化锌。各种锌肥列于表 6-8。

表 6-8 锌肥种类

名称	分子式	含锌量(%)
硫酸锌	$ZnSO_4 \cdot H_2O$	35
七水硫酸锌	$ZnSO_4 \cdot 7H_2O$	23
碱式硫酸锌	$ZnSO_4 \cdot 4Zn(OH)_2$	55
氧化锌	ZnO	78
氯化锌	$ZnCl_2$	48
碳酸锌	$ZnCO_3$	52

(4)铜肥 目前常用的铜肥主要是硫酸铜,为蓝色结晶,易溶于水。各种铜肥列于表 6-9。

表 6-9 铜肥种类

名称	分子式	含铜量(%)	溶解性
硫酸铜	$CuSO_4 \cdot 5H_2O$	25～35	易溶
碱式硫酸铜	$CuSO_4 \cdot 3Cu(OH)_2$	13～53	难溶
氧化铜	CuO	75	难溶
氧化亚铜	Cu_2O	89	难溶
含铜矿渣	—	0.3～1	难溶
磷酸铵铜	$Cu(NH_4)PO_4 \cdot H_2O$	32	难溶

(5)钼肥 我国目前常用的钼肥为钼酸铵及钼酸钠,这两种钼肥都易溶于水。钼肥的种类列于表 6-10。

表 6-10 钼肥种类

名称	分子式	有效钼含量(%)	溶解性
钼酸铵	$(NH_4)_6Mo_7O_2 \cdot 4H_2O$	54	易溶
钼酸钠	$Na_2MoO_4 \cdot 2H_2O$	36	易溶
三氧化钼	MoO_3	66	难溶
含钼废渣	—	1～3	难溶

(6)铁肥 目前,常用的铁肥为硫酸亚铁,其次是螯合态铁,但螯

合态铁价格昂贵,不易推广。常用铁肥的种类列于表6-11。

表 6-11　铁肥种类

品种	分子式	含铁量(%)	溶解性
硫酸亚铁	$FeSO_4 \cdot 7H_2O$	19	易溶
硫酸亚铁铵	$(NH_4)_2SO_4 \cdot FeSO_4 \cdot 6H_2O$	14	易溶
螯合态铁	Fe-EDTA	14	易溶

2.微肥的选购、贮运和混合施用

微量元素肥料多系化学药品,在选购、贮存、运输、施用时,应注意以下几个问题。

(1)选购微肥应注意的问题　在选购微肥时,应根据土壤条件和作物需肥特点进行选购,同时注意产品不能含有有毒物质。微量元素肥料在农业生产上应用时,对其纯度要求不一定很严,因为产品纯度越高,工业投资越大,价格就越高。但另一方面,微肥被作物吸收以后会直接或间接地进入人体。如果微肥含有过量的镉、汞、铅、铬、砷、硒以及其他放射性元素等,则又会污染环境,造成危害。因此,农业生产上仍应提倡施用高效、低毒、优质的微肥产品。不合格的产品应当坚决不用。

此外,对那些含量低、耗费劳力多的炉渣、矿渣和工厂废液等,更应详细了解其组分,严格把关,以防产生不良后果。

(2)贮运微肥应注意的问题　贮运微肥时要注意防水,否则微肥会溶解或结块,影响肥效。微量元素肥料一般都有一定的腐蚀性,有的还易吸潮结块。有时因商标弄脏弄坏,或是散装没有标签,把微肥当作氮、磷化肥施用,会带来减产和环境污染。因此,贮运时应特别注意标签不要被腐蚀、丢失、弄混。腐蚀性肥料要用塑料袋包装,易吸潮的肥料则尽量密闭保存,防止水分进入。在保存硫酸亚铁时要密封,不要开口,以免被氧化成高价铁而发黑,影响其有效性。钼酸铵在长期保存后氨易挥发掉,虽不影响钼的含量,但是较难溶于水,此时可以滴加几滴氨水,便于溶解。

第六章 微量元素肥料

与碳酸氢铵等肥料不同,微肥长期保存不会因挥发而影响肥效。因此,锌、铁、铜、硼、锰、钼等微肥都可以长期保存。

(3)微肥的混合施用 微肥之间、微肥与常用化肥之间混合施用,必须遵循以下几点原则:一是要满足作物营养和土壤肥力状况的需要;二是混合后能使肥料的物理性状得到改善;三是不能使其中任何一种肥料的肥效降低。

微肥的混合施用,应视土壤和作物而定。一般来说,适于碱性土壤的硼、锌、锰、铁等微肥可以混合施用,适于酸性土壤的铜肥则没必要进行混用。此外,尿素、磷酸铵、氯化铵、硝酸铵和过磷酸钙肥等可与微量元素肥料混合施用,但必须是在干燥情况下作拌种或作底肥。除钙镁磷肥外,也可混合喷施。锌肥不能与氨水等碱性较强的肥料混施,最好也不要与过磷酸钙等可溶性磷肥混施,以免形成磷酸锌沉淀,降低肥效。各种肥料在与堆渣肥混施时,要注意逐渐稀释,充分混匀。最好是先与少量细泥土充分混匀后,再加堆渣肥一起拌匀。微肥兑水、兑粪时,应先把肥料兑成少量水溶液,再逐步分配到水粪中去,并充分搅拌,以免造成局部浓度过大而烧种烧苗。此外,微量元素肥料最好不要与草木灰混用,更不能与石灰混用,以减少损失,提高肥效。

(4)微肥与农药混合施用 微肥能否与农药混合作叶面喷施,要根据混合后是否产生浑浊或沉淀而定。若出现浑浊或沉淀,则不能混合,反之则可以混合。虽然不浑浊对微肥本身的肥效无损失,但是否会降低农药的药效,则要通过试验才能确定。另外,许多微量元素的盐类都是由强酸或强碱制取的。成品中一般都残留一些氢离子或氢氧根离子,这些离子会使肥料偏酸或偏碱。这些产品用作底肥进行土施问题不大,但在浸根、浸种、拌种和喷施时,则会因肥料过酸或过碱而对作物生长不利,拌种时会影响发芽,叶面喷施易造成烧伤。因此,在使用微肥时,应引起足够的重视。

化肥施用技术

3. 施用方法

(1) 浸种 先将微肥溶解成一定浓度的水溶液,然后把种子浸泡其中,在一定的时间内,借助种子吸水膨胀的过程,让微量元素进入种子,晾干后即可播种。要注意,溶解肥料所用的水一定要清洁。

(2) 浸根 先将微肥溶解成一定浓度的水溶液,然后把植株根部浸泡其中,在一定浸泡时间内,让微量元素通过根部进入植株体内。

(3) 蘸根 用适量微肥与磷肥混合,均匀黏附在植株根上。蘸根法一般用于南方水稻秧苗。

(4) 基肥 将一定数量的微肥与细干土或细渣肥混合,于作物栽种前结合耕翻整地施入地里。由于微肥一般用量少,不宜深施,应根据作物需肥特点,适时适量施用。

(5) 追肥 将一定数量的微肥与细土等混合或按比例兑水,于作物生长期施入土中。稻田可与细土拌后撒施,也可兑水泼施;旱地一般是兑入干粪或粪水中再施用,沟施、条施均可。

(6) 喷施 将一定数量的微肥按比例兑水,兑成一定浓度的溶液,于作物生长期进行喷施。喷施用的水要清洁,并注意搅匀。喷施宜在无露水时进行,如有露水,肥液不易黏附作物叶子且易被稀释,也不宜在炎热的中午喷施,因为中午太阳光强,蒸发快,易造成灼伤且不利于吸收。最好在下午 4 时以后进行喷施,此时气温下降,作物叶片较干,肥液容易黏附,经过一夜的时间,养分能较好地被作物吸收,效果较好。

4. 施用量

(1) 硼肥 用硼砂 15~45 千克/公顷,与氮、磷肥料混合后作为基肥施入;当植株出现缺硼症状时,用 0.1%~0.2%的硼砂或硼酸溶液叶面喷施,每隔 7~10 天喷 1 次,连喷 2~3 次。

(2) 锰肥 用 0.1%~0.5%的硫酸锰溶液叶面喷施,每隔7~10

天喷1次,连喷2~3次,也可用0.1%的硫酸锰溶液浸种8~12小时。作底肥时每亩用量为1~2千克;拌种时每千克种子用量为2~4克。

(3)**锌肥** 用15~45千克/公顷硫酸锌与其他肥料混合后作基肥施入;也可用0.1%~0.2%的硫酸锌溶液叶面喷施,一般每隔7~10天喷1次,连喷2~3次;浸种浓度为0.02%~0.05%,以浸匀为准,水稻浸种用0.1%硫酸锌溶液浸24小时;拌种时以每千克种子拌2~6克为宜。

(4)**铜肥** 用15~45千克/公顷硫酸铜作基肥施入,肥效可持续3~5年;也可用0.1%~0.4%的硫酸铜溶液叶面喷施,为避免药害,最好加入0.15%~0.25%的熟石灰;铜肥可作拌种用,每千克种子用0.6~1.2克硫酸铜;浸种时用0.01%~0.05%的硫酸铜溶液。

(5)**钼肥** 用0.05%~0.1%的钼酸铵或钼酸钠溶液叶面喷施,在苗期和开花前喷2~3次;拌种时每千克种子用1~2克,需搅拌均匀;浸种溶液浓度为0.05%~0.1%,浸泡6~12小时。

(6)**铁肥** 将铁肥直接施入土壤的效果不好,所以一般采用叶面喷施,用0.2%~1.0%的硫酸亚铁溶液,为提高防治效果,可在药液中加入适量尿素。一般每隔7~10天喷1次,连喷2~3次;某些有机态螯合铁也有较好效果,如1%尿素铁、黄腐酸铁二铵200倍稀释液等。

第七章
复合肥料

一、复合肥料的类型

根据制造方法,一般将复合肥料分为化合复合肥料、混合复合肥料、掺合复合肥料3种类型。

1. 化合复合肥料

在生产工艺流程中发生显著的化学反应而制成的复合肥料(也称"复合肥")称为"化合复合肥料"。化合复合肥料一般属二元型复合肥料,无副成分,如磷酸铵、硝酸钾和磷酸钾等。

2. 混合复合肥料

通过几种单元肥料或单元肥料与化合复合肥料简单的机械混合,有时经二次加工造粒而制成的复合肥料,叫"混合复合肥料",如尿素磷铵钾、硫磷铵钾、氯磷铵钾、硝磷铵钾等。

3. 掺合复合肥料

用颗粒大小比较一致的单元肥料或化合复合肥料作基料,直接由肥料销售系统按当地的土壤和农作物要求确定配方,经称量配料和简单的机械混合而制成的肥料称为"掺合复合肥料",如由磷酸铵与硫酸钾及尿素固体散装掺混的三元复合肥等。

二、复合肥料的优缺点

1. 优点

①所含养分种类比较多,有效成分含量也高。
②颗粒比较坚实,无尘,粒度大小均匀,吸湿性小,便于贮存和施用。
③含副成分少,对土壤性质基本上没有影响。
④生产成本低,节省运输费用和包装材料等。
⑤节省施肥劳动力。

2. 缺点

①养分比例相对固定,难以满足各类土壤和各种作物的不同要求。
②复合肥料中养分的释放速度很难完全符合作物某一时期对养分的特殊要求。

三、科学选用复合肥料

复合肥具有养分含量多、施用方便、利用率高等优点,但由于复合肥所含的养分比例固定,而且所含养分种类有限,一种复合肥在某个地区的某种作物上适用,而在另一地区或对另一种作物就不一定适用。故在农业生产上选用复合肥时必须注意倡导科学平衡施肥技术,消除选肥错误,走出施肥误区。

1. 外观

复合肥颗粒的颜色和形状一般与制造工艺和配方有关,不一定表现为圆滑、光亮、均一等特征。二元肥在高温下经两次造粒可以获得圆滑颗粒,但在高温下成粒易散失肥效,对三元肥而言,制得圆滑颗粒难度更大。目前市场上不少复合肥在外观上肥粒形状均一,表面圆滑而不粗糙,颜色上多为白色而有光泽或粉红醒目。它们通常是在造粒工艺、原料颜色等方面经过刻意选择或加着色剂装饰而成的,这样做不仅增加了复合肥的成本,而且采用的着色剂一般对肥效无好处。故广大农民在选购复合肥时要以其内在质量为前提,不要片面追求外观。

2. 肥效

复合肥根据其在土壤中的溶解速度分为速溶复合肥和缓释复合肥两种。

速溶复合肥肥效快,在施肥数天后即可见效,表现为植株变绿、长高。但溶解快的肥料随雨水流失也快,利用率低,特别是在南方高温多雨环境,速溶复合肥淋失严重,会因流入河道、湖泊而造成水体污染。对于磷肥来说,在南方固磷能力强的红壤地区,溶解越快则越易被固定。另外,肥效过快而不持久,往往与作物需肥规律不一致,会造成前期供肥过猛引起徒长,而后期肥效不足影响结实。

通过一定技术手段适当减慢肥料的溶解速度,使养分释放与作物生长需求趋于动态平衡,以减少肥料损失,提高肥料利用率,这类肥料称为"缓释复合肥"(又称"控释复合肥")。

3. 养分含量

复合肥一般含2种以上养分。不同复合肥的养分种类与搭配比例不同,其养分含量及有效成分也不同。高养分含量是复合肥发展的一个趋势,人们在选肥上也往往看好养分含量高的复合肥,如氮、磷、钾含量为15-15-15、17-17-17的复合肥产品很受青睐。实际上,如果一种肥料只是养分浓度高,而养分比例不适当,其增产效果并不好,且肥料利用率低。如氮、磷、钾含量为15-15-15的复合肥,在缺磷较重的新开坡地上使用效果较好,但对很多农田来说,其比例存在较大问题,主要表现为磷比例过高,在熟地上施用要十分慎重。高养分含量的肥料只有在高利用率的前提下才能充分发挥效果,否则不但成本高,而且易造成水体富营养化,使水体等环境受到污染。

4. 价格

肥料价格是影响广大农民选用肥料的重要因素。不同复合肥由于所含养分成分及含量等不同,价格也有一定差别。以肥料总重计算时,三元复合肥比二元复合肥在价格上要贵些,但若以所含有效成分含量计算,实际可能会便宜。因此,广大农民在选购复合肥时要学会按质论价,即按其有效成分含量计算其实际价格,而不要片面以每吨肥的总售价来确定是否便宜。

四、复合肥料的施用方法及用量

1. 复合肥料的合理施用

复合肥料具有营养元素多、物理性状好、养分浓度高、施用方便等特点。但复合肥料种类多样,为了合理施用,发挥其增产增效作用,必须针对当地作物、土壤和气候特点,选择合适的复合肥料。

(1) 作物类型 根据作物种类和营养特点的不同,确定选用复合肥料中养分形态及配比,对充分发挥肥效、保证作物高产优质具有重要作用。一般粮食作物对养分需求量表现为氮大于磷,磷大于钾,所以宜选用高氮中磷低钾型复合肥料。而经济作物多以追求品质为主,对养分需求量表现为钾大于氮,氮大于磷,如足量的钾可增加烟草叶片厚度,改善烟草的燃烧性和香味,宜选用高钾中氮低磷型复合肥料;而油菜则需磷较多,一般可选用高磷低氮低钾的三元复合肥料。此外,在轮作中,上下茬作物施用的复合肥种类也应有所不同。如南方稻轮作中,同样在缺磷的土壤上,磷肥的肥效往往是施于早稻的效果好于晚稻,而钾肥的肥效则是施于晚稻的效果好于早稻;在小麦—玉米轮作制中,玉米生长处于高温多雨季节,土壤释放的磷素相对较多,而且又可利用小麦茬中施用磷肥的后效,因此可选用低磷复合肥;反之,小麦则需选用含磷较高的复合肥。

(2)土壤特点　一般水田优先选用氯磷铵钾肥系复合肥,其次是尿素磷铵钾、尿素普钙钾肥系复合肥,不选用硝酸磷肥系复合肥。旱地则优先选用硝酸磷肥系复混肥,也可选用氯磷铵、尿素普钙、尿素磷铵肥系等复合肥。在石灰性土壤上,应选用酸性复混肥,如氯铵重钙、尿素重钙、硝酸磷肥系等,而不选用氯铵钙镁磷肥系等。在养分水平供应较高的土壤上,则可选用养分含量低的复合肥。

(3)养分形态　复合肥料中的氮素可分为铵态氮、硝态氮和酰胺态氮。含铵态氮、酰胺态氮的品种在旱地和水田都可施用,但应深施覆土,以减少养分损失;含硝态氮的品种宜施于旱地,在水田和多雨地区应少施或不施,以防止淋失和反硝化脱氮。

以水溶性磷为主的复合肥料,在各种土壤上均可施用,而含弱酸溶性磷的复合肥料更适合在酸性土壤上施用。

(4)施用方法　由于颗粒状复合肥比粉状单质肥料溶解缓慢,所以复合肥原则上以作基肥为好,且宜深施盖土,应施在各种作物根系密集层。如作种肥,必须将种子与肥料用土隔开,否则会影响出苗而导致减产。切忌将复合肥撒施在土壤表面,以免作物难以吸收,养分损失大,增产效果差。复合肥作种肥时,一般每亩用3千克左右;作基肥时,一般旱地作物每亩用量为8～10千克,水田作物每亩用量为10～15千克,然后将其耙耕入土。

2.施用复合肥料应注意的问题

(1)因土壤和作物选择复合肥料　对于不同种类的复合肥料,应根据不同地区的土壤与植物对养分的需求选择施用,才能充分发挥复合肥料的优势。对于供磷、钾水平低的土壤以及对磷钾比较敏感

第七章　复合肥料

的作物,应选择磷钾复合肥,一般大田作物可选用氮磷复合肥。某些经济作物可选用与当地土壤、气候相适应的三元复合肥。

(2)**复合肥料与单质肥料配合施用**　当复合肥料不能完全满足作物在全生育期对养分的需求时,应与单质肥料配合施用,以保证养分的协调供应,提高复合肥料的经济效益。一般应选用低氮高磷钾的复合肥料作基肥、选用单质氮肥作追肥,将肥料施于作物生长的关键时期,这样有利于充分发挥肥效,以获得优质高产稳产。

(3)**针对复合肥料的不同特点采用相应的施用方法**　复合肥料中所含养分的比例和形态不同,价格差别也很大,因此,应采取相应的施用技术。含磷钾养分的复合肥料应集中施在根系附近,最好作基肥用;含铵态氮的复合肥要深施覆土,含硝态氮的复合肥料不宜用于水田;价格较高的磷酸二氢钾一般不作基肥,而用于根外追肥或浸种。

第八章
化学肥料的简易识别方法

化学肥料的识别非常重要,它是合理施用化学肥料的前提。化学肥料的识别包括真假化肥的识别和肥料种类的识别。

真假肥料的识别是指判定一种物料是真肥料还是假肥料的过程。假肥料有两种情况:一是不法厂家(商家)以不是肥料的物料冒充肥料,即"以假充真",这是真正的假;另一种是指肥料成分达不到国家标准的要求,这属于"以次充好"。真假肥料的识别必须将肥料样品送到国家指定的检验机构(如技术监督局)进行"定性"和"定量"检验才可以准确判断,除此之外的任何方法都是不可靠的。

肥料种类的识别是指肥料是真的,但由于某种原因造成标识不清,给肥料的施用带来不便的情况下,区分肥料类型的过程。肥料种类的识别除依靠专门机构外,农户也可根据经验和简易的方法加以判断。只要平时多留心,识别肥料种类并不困难。识别肥料种类的方法通常有直观法、溶解法和灼烧法。

一、直观法

直接用肉眼观察虽然不是非常准确的鉴别肥料种类的方法,但是在没有任何仪器、药品,且没有掌握分析方法的情况下,凭经验和直观却可以对化肥的类型作初步判断。

第八章 化学肥料的简易识别方法

1. 主要氮肥种类

碳酸氢铵：碳酸氢铵是白色、淡黄色或淡灰色，细小结晶状、板状或柱状，易吸湿分解，有浓烈的氨味。

尿素：结晶型尿素为白色针状或棱柱状结晶。肥料尿素一般为粒状，为半透明白色、乳白色或淡黄色颗粒，易吸湿。

硝酸铵：硝酸铵为白色斜方形晶体，产品有两种形态，一种为白色粉状结晶，另一种为白色或浅黄色颗粒，都极易吸水自溶。

氯化铵：氯化铵为白色结晶或白色球状颗粒。农用氯化铵可能带有微灰色或微黄色，易吸湿潮解。

2. 主要磷肥种类

过磷酸钙：过磷酸钙为深灰色、灰白色或淡黄色的疏松粉状物。

重过磷酸钙：重过磷酸钙为灰色或灰白色的粉状物。

钙镁磷肥：钙镁磷肥为深灰色、灰绿色、墨绿色或棕色粉末。

磷酸氢钙：磷酸氢钙为白色粉状结晶。肥料级磷酸氢钙呈灰黄色或灰黑色。

3. 主要钾肥种类

氯化钾：氯化钾纯品为白色立方形结晶。农用氯化钾呈乳白色、粉红色或暗红色，不透明，稍有吸湿性。

硫酸钾：硫酸钾为白色或淡黄色细结晶，吸湿性小，不易结块。

4. 主要复合肥料

硝酸磷肥：硝酸磷肥为浅灰色或乳白色颗粒，稍有吸湿性。

磷酸铵：磷酸铵为白色或浅灰色颗粒，吸湿性小，不易结块。

磷酸二氢钾：磷酸二氢钾为白色或浅黄色结晶，吸湿性小。

硝酸钾：硝酸钾呈白色，通常以无色柱状晶体或细粒状存在。

5. 复混肥料(包括各种专用肥)

复混肥料的颜色有黑灰色、灰色、乳白色、淡黄色等,颜色因原料和制作工艺不同而异。复混肥料的形状均为小球形,表面光滑、颗粒均匀,无明显的粉料和机械杂质。一般造粒的复混肥料均应加入防结块剂。挤压成型的复混肥料外观为短柱状。由于挤压造粒工艺较落后,目前肥料市场上挤压造粒的复混肥料已不多见。

6. 微量元素肥料

七水硫酸锌:七水硫酸锌为无色斜方晶体,农用硫酸锌因含微量的铁而显淡黄色。由于生产工艺不同,其结晶颗粒大小也不同。七水硫酸锌在空气中部分失水成为一水硫酸锌,一水硫酸锌为白色粉末。无论是一水硫酸锌还是七水硫酸锌,均不易吸水,久存不结块。

硫酸锰:硫酸锰为淡粉色细小结晶,在干燥空气中失去结晶水呈白色,但不影响肥效。

硫酸铜:硫酸铜为蓝色三斜晶体。一般硫酸铜含有 5 个结晶水,失去部分结晶水变为蓝绿色,失去全部结晶水则变为白绿色粉末,均不影响肥效。

硫酸亚铁:硫酸亚铁为绿中带蓝的单斜晶体,在空气中渐渐氧化而呈黄褐色,这表明铁已由二价转变成三价。大部分植物不能直接吸收三价铁,为了避免硫酸亚铁失效,应将其存放在密闭的容器中。

硼砂:硼砂的化学名称为"四硼酸钠",为单斜晶体;常成短柱状晶体,其集合体多为粒状或皮壳状,呈鳞片形;颜色为白色,有时略带浅灰色、浅黄色、浅蓝色或淡绿色,有玻璃光泽。

硼酸:硼酸无色,略带珍珠光泽,为三斜晶体或白色粉末。

钼酸铵:钼酸铵为淡黄色或略带浅绿色的菱形晶体。

钼酸钠:钼酸钠为白色晶体或粉末。

二、溶解法

绝大部分化肥可以溶于水,但其溶解度(溶解度是指在标准大气压和20℃的条件下,100毫升水中能溶解的最大数量)不同。可以把化肥在水中溶解的情况作为判断化肥种类的参考。利用溶解法判断化肥种类需要预备一些用具,主要用具有:玻璃烧杯(200~250毫升)、小天平(称量200~500克)、量筒或量杯(100毫升)、温度计(100℃)、三脚架、石棉网、酒精灯、95%酒精、纯净水。为了将肥料磨成粉状,最好还要备有玻璃研钵。

1. 主要氮肥种类

从颜色来看,主要氮肥种类均为白色,但是它们在水中的溶解量有明显不同。在20℃水中,每100毫升水能溶解100克以上的氮肥有硝酸铵、尿素、硝酸钙,这些肥料也都能溶于酒精。每100毫升水能溶解80克以下的氮肥有碳酸氢铵、硫酸铵、氯化铵,这些肥料均不能溶于酒精。此外,肥料在水中的溶解量与水的温度有关。温度高时溶解得多,温度低时溶解得少。为了便于读者了解不同氮肥的溶解情况,下面将不同温度下100毫升水中肥料的溶解量列于表8-1。

表8-1 不同氮肥溶解情况　　　　单位:克/100毫升水

肥料名称	水温 20℃	水温 80℃	水温 100℃	在酒精中溶解情况
碳酸氢铵	21	109	357	不溶
硫酸铵	75	95	103	不溶
氯化铵	37	80	100	微溶
硝酸铵	192	580	871	溶解
硝酸钙	129	358	363	溶解

用溶解法检验氮肥的具体做法是:首先用量筒量取100毫升左右酒精放入烧杯中,将1克左右肥料投入酒精中,不断摇动,观察酒精中的肥料是否溶解。如果溶解,可能是硝酸铵、尿素或硝酸钙;如果不溶解,可能是碳酸氢铵、硫酸铵或氯化铵。然后,进一步进行检验。如果是不溶于酒精的肥料,用量筒量取10毫升水放入烧杯中,

化肥施用技术

用天平称取 2 克肥料放入水中,不断摇动,肥料溶解后再称 1.5 克肥料投入原肥料溶液中,不断摇动,如不能溶解,这种肥料是碳酸氢铵。如果加入的1.5 克肥料也能再度溶解,再称 1.5 克肥料放入已经溶解了 3.5 克肥料的溶液中,如果不能继续溶解,这种肥料是氯化铵;如果仍能溶解,再称 3 克肥料继续投入已溶解 5 克肥料的溶液中,经摇动不再继续溶解,则这种肥料是硫酸铵。

如果是溶于酒精的肥料,先用量筒量取 10 毫升水放入烧杯中,称 10 克肥料放水中,不断摇动,肥料溶解后再称 2 克肥料放入肥料溶液中,不断摇动,如不再溶解,这种肥料是尿素。如果溶解,再称 5 克肥料放入肥料溶液中,如不再溶解,这种肥料是硝酸钙;如果仍能溶解,这种肥料是硝酸铵。

此外,还可以根据表 8-1 提供的数据,采取变化水温的方法对上述结果进行验证。先称取 20℃温水能溶解的肥料数量,然后逐渐加温至 80℃或 100℃,观察不同温度条件下溶解的数量,通过与表 8-1 中数据比较,即可辨别肥料品种。

2. 主要磷肥种类

磷肥与氮肥不同,在磷肥生产上,通常先将磷矿石粉碎,再加酸加热,使磷矿石中不容易被植物吸收的磷转化为容易被植物吸收的磷,从而制得磷肥。因此,磷肥中常含有从矿石中带来的杂质和化学反应中产生的不溶性的化合物。此外,磷酸盐本身的溶解性也不如含氮化合物。所以,大部分磷肥不能完全溶于水。采用溶解法判断磷肥品种远不如判断氮肥种类准确。

用溶解法检验磷肥的方法是:称 1 克肥料放入约 20 毫升水中,不断摇动,观察溶解情况。如果可以在水中溶解一部分,这种肥料可能是过磷酸钙或重过磷酸钙。溶解多、沉淀少的是重过磷酸钙;溶解少、沉淀多的是过磷酸钙。如果在水中几乎不溶解,则可能是钙镁磷肥或磷酸二钙,这两种肥料单纯依靠溶解的方法很难区分。

3. 主要钾肥种类

我国常用的钾肥品种是氯化钾和硫酸钾。硫酸钾不溶于酒精,氯化钾微溶于酒精。这两种肥料在水中的溶解量也不相同。用量筒量取 20 毫升水放入烧杯中,加入 4 克肥料,不断摇动,如果肥料能完全溶解,这种肥料可能是氯化钾;如果只溶解一部分,这种肥料可能是硫酸钾。

4. 主要复合肥料

硝酸磷肥:硝酸磷肥是通过用硝酸分解磷矿粉然后加氨中和而制得的,其主要成分是硝酸铵、硝酸钙、磷酸一铵、磷酸二铵、磷酸一钙和磷酸二钙,这些主要成分中有些易溶于水,有些难溶于水。所以,尽管硝酸磷肥是一个肥料品种,属水田性肥料,但是其溶解量不能用纯化合物的溶解量去衡量,因此无法用溶解法对其进行判别。

磷酸铵:磷酸铵包括磷酸一铵和磷酸二铵,这两种化合物的水溶性都很好。在 25℃条件下,每 100 毫升水可溶解磷酸一铵 41.6 克或磷酸二铵 72.1 克。因此,可以用 20 毫升水加 10 克肥料进行判别,肥料如能完全溶解,是磷酸二铵;如不能完全溶解,则是磷酸一铵。

硝酸钾和磷酸二氢钾均不溶于酒精,在常温下,二者在水中的溶解量相差不大,但在水温升高后两种肥料在水中的溶解量则有很大差别。鉴别的具体做法是:用量筒量取 20 毫升水放在烧杯中,加入 20 克肥料,缓慢加热并不停搅拌,当水温达到 80℃时,若能完全溶解,这种肥料是硝酸钾;如不能完全溶解,则是磷酸二氢钾。

5. 复混肥料

复混肥料是肥料和添加剂的混合物。添加剂大多不溶于水,所以复混肥料一般不能完全溶于水,也没有固定的溶解度。

复混肥料遇水会产生溶散现象,即颗粒崩散变成粉状,如放在水中,颗粒会渐渐散开,但是不会变成完全溶解的透明溶液。肥料颗粒的溶散速率在一定程度上可以反映养分的释放速率,不过也并不是溶散得越快,肥料养分的释放速率就越快。因为造粒的复混肥料一方面要考虑氮、磷、钾养分的平衡与均匀,另一方面也要考虑降低肥料中养分释放速率,以达到延长肥效的目的。因此,不能用肥料溶散的快慢作为衡量肥料质量的唯一标准。当然,颗粒状复混肥料放入水中像小石子一样毫无变化,这样的肥料也不会是好肥料。

6.微量元素肥料

一般微量元素肥料都具有各自特有的颜色,比较容易分辨。此外,不同微量元素肥料在水中的溶解量也有很大不同,见表 8-2。

表 8-2 微量元素肥料的溶解量

肥料名称	溶解量(克/毫升水)		
	20℃	80℃	100℃
硼酸	5.04	23.60	40.25
硼砂	2.56	31.40	53.50
硫酸锰	62.9	45.6	35.3
硫酸铜	32.0	83.8	114
硫酸锌	53.8~60.9	71.1	60.5
硫酸亚铁	48.0	79.9	57.3

根据表 8-2 并参考分辨氮肥种类的方法,应用溶解的方法可以辨别不同种类的微肥。

三、灼烧法

用灼烧法检验化肥,除需要有酒精灯外,还要准备 1 块小铁片(铁片长 15 厘米左右、宽 2 厘米左右,最好装 1 个隔热的手柄)、吸水纸(最好是滤纸,剪成 1 厘米宽的纸条)、1 块木炭、1 把镊子。

1. 主要氮肥种类

碳酸氢铵：用小铁片铲取少许肥料（约 0.5 克），在酒精灯上加热，发生大量白烟并有强烈的氨味，铁片上无残留物。

硫酸铵：用小铁片铲取约 0.5 克肥料在酒精灯上加热，肥料慢慢熔融，产生一些氨味，但是熔触物滞留在铁片上，不会很快挥发消失。用吸水纸片充分吸收硫酸铵溶液，晾干后在酒精灯上加热，纸片不燃烧而产生大量白烟。

氯化铵：用小铁片铲取约 0.5 克肥料在酒精灯上加热，肥料直接由固体变成气体或分解，没有先变成液体再蒸发的现象，发生大量白烟，有强烈的氨味和酸味，铁片上无残留物。

尿素：放在铁片上的少量尿素在酒精灯上加热时会迅速熔化，冒白烟，有氨味。将固体尿素撒在烧红的木炭上能够燃烧。

硝酸铵：在铁片上加热时不燃烧，逐渐熔化出现沸腾状，冒出有氨味的烟。

硝酸钙：在铁片上加热时能够燃烧，发出亮光，在铁片上残留白色的氧化钙。

2. 主要磷肥种类

磷肥无论是在铁片上加热还是撒在烧红的木炭上，均无明显变化。因此，无法用灼烧法检验磷肥。

3. 主要钾肥种类

无论是硫酸钾还是氯化钾，在铁片上加热均无变化，将肥料撒在烧红的木炭上，会发出噼啦的声音。用吸水纸条充分吸收钾肥溶液，晾干后在酒精灯上燃烧，会发出紫红色的光。如不是钾肥而是氯化钠（食盐），则燃烧时会发出黄白色的光，以此可以判别是不是钾肥。但是，硫酸钾、氯化钾两种肥料无法用烧灼法区分。

4. 复合肥料

硝酸钾:将少量肥料放在铁片上加热,加热时会放出氧气,这时如果用1根点燃后熄灭但还带有红火的火柴放在上方,熄灭的火柴会重新燃起。

磷酸二氢钾:将磷酸二氢钾放在铁片上加热,肥料会熔化为透明的液体,冷却后凝固为半透明的玻璃状物质(为偏磷酸钾)。

5. 复混肥料

复混肥料成分复杂,无法用烧灼法进行检验。

第九章
肥料的贮存和混合

一、肥料的贮存

肥料各有各的特性,有的易吸湿结块,有的易分解挥发,有的甚至有腐蚀性、毒性和易爆炸性等。当采购了大批肥料时,必须把它们贮存起来,以备今后使用。但在贮存过程中,如果管理不当,不仅会产生养分损失、降低肥效或施用不便等问题,而且还可能发生火灾和引起人畜中毒等事故。肥料的贮存应遵守以下原则。

1. 贮存环境应阴凉、干燥

肥料应在阴凉、干燥的环境中贮存,否则极易造成肥料吸湿结块,甚至潮解,严重时会失去肥料利用价值。

固体化肥因吸湿而引起潮解或结块,是贮存中比较普遍的问题。例如过磷酸钙受潮后,不仅会结块,而且还会发生磷酸退化作用,造成施用困难,有效磷含量降低。碳酸氢铵受潮后铵的分解挥发加快,氮素损失严重。多数硝酸盐肥料受潮后会结块或化为液体流失,局部受热易产生二氧化氮(NO_2)、一氧化二氮(N_2O)等有毒气体,当其遇到易燃物品时常常引起燃烧或爆炸。所以,过磷酸钙以及吸湿性强、易分解挥发的硝酸铵、硫酸铵、碳酸氢铵和尿素等,都需贮存于干燥低温的场所。菌肥不但要贮存在干燥、清洁的避光场所,以避免阳

化肥施用技术

光晒死菌种和感染杂菌,而且要保持低温,使菌肥中的微生物保持休眠状态。

2. 分类存放

肥料一定要分类存放,肥料堆码的高度要有限度。不能混合的肥料应分别堆放,避免相互之间发生化学变化而损失养分。如铵态氮肥不应与碱性肥料或碱性物质放在一块,以免增加氮素挥发损失。除此之外,分类存放也有利于肥料的进出管理与运输。

3. 避免露天贮存

化肥一般不宜露天贮存,但在数量较大、用肥时间集中、仓库条件不够时,为了不误农时、保证供应,可适当采用露天贮存,但时间不能过长。一般应选择地势高燥处,用塑料薄膜铺底,放上化肥,再盖上塑料薄膜,做到防雨、防湿、防风、防晒。

4. 加强安全管理

化肥存放后,必须经常做好防潮、防热、防火、防毒、防腐的预防工作。对易引起燃烧爆炸的硝酸盐肥料,在贮存时不要混入木屑、泥炭、秸秆及其他易燃品,贮藏室内不准抽烟点火,以防火灾。硝酸盐肥料如已结块,只能用木棒轻轻击碎或用水溶解,千万不可猛击,以防爆炸。万一发生火灾,不能用各种灭火剂,应先用砂土压盖,再用水扑灭。对有腐蚀性的肥料如过磷酸钙,贮存时一定要注意干燥,不可装在布袋、铁器等中。菌肥不能与易挥发、有毒的药剂一起贮存,化肥不能与种子同室存放,以免影响种子的发芽。

5. 液体肥料单独存放

液体化肥具有易挥发、渗漏、腐蚀等特性,因此在贮存时应选用防腐容器,如钢罐、陶器缸坛、胶袋、塑料袋、水泥氨水池等,并注意密

第九章 肥料的贮存和混合

封。此外,还应选择背风、阴凉、无阳光照射的场所进行贮存。各种化肥在贮存时的注意事项列于表 9-1。

表 9-1 化肥贮存注意事项表

肥料名称	贮存中应注意的事项					
	防潮	防热	防火	防毒害	防爆炸	防止与碱性物混合
硝酸铵	√	√	√		√	√
硫酸铵	√					√
氯化铵						√
碳酸氢铵	√					√
氨水		√		√	√	√
磷酸铵						√
尿素	√					
石灰氮	√			√		
过磷酸钙	√					√
钙镁磷肥						
硝酸钾		√	√			
硫酸钾						
氯化钾	√					

二、肥料的合理保管

农民朋友自购肥料时,往往都不会一次刚好用完,因此需要保管好肥料,方便下次使用。保管肥料应做到"六防":

1. 防混放

化肥混放在一起容易使其理化品质变差。如过磷酸钙遇到硝酸铵,会增加吸湿性,造成施用不便。

2. 防标识差错

有的农户使用复混肥料袋装尿素,有的用尿素袋装复混肥料,还有的用进口复合肥料袋装专用肥料,这样在使用过程中很容易出现差错。

3.防破袋包装

如硝态氮肥料吸湿性强,吸水后会化为浆状物,甚至呈液体,应密封贮存,一般用缸或坛等陶瓷容器存放,严密加盖。

4.防火

一些肥料特别是硝酸铵、硝酸钾等硝态氮肥,遇高温(200℃)会分解出氧,遇明火就会发生燃烧或爆炸。

5.防腐蚀

过磷酸钙中含有游离酸,碳酸氢铵则呈碱性,这类化肥不要与金属容器或磅秤等接触,以免发生腐蚀。

6.防止与种子、食物混存

一些肥料特别是挥发性强的碳酸氢铵、氨水等,与种子混放会影响发芽,应予以充分注意。

三、肥料的混合施用

肥料的种类很多,有的只能单独施用,有的可以混合施用。在实际生产中,常常按照土壤条件、作物生长需要、养分供给情况,把性质不同、作用不同的两种或两种以上的肥料如氮、磷、钾化肥,或速效肥与迟效肥、有机肥与无机肥、微肥和生长激素等混合起来施用。这样可以使几种养分互相取长补短,或者经过变化更有利于作物吸收和提高肥效,同时也节约了施肥时间和劳动力。但这并不意味着任何肥料都可以随意混合施用。

1. 混合施用的主要原则

肥料混合后,养分不应损失。因肥料的组成不同,在混合后的贮存、施用中,有些肥料混合后会发生一系列化学反应,造成养分的损失或养分有效性下降,会出现此种情况的肥料相互之间不能混合。例如:铵态氮肥不能与碱性肥料如草木灰、窑灰钾肥、石灰等混合,否则会导致氮素损失;水溶性磷肥不能与石灰、草木灰、窑灰钾肥等碱性肥料混合,以免导致水溶性磷转化成难溶性磷,造成磷的有效性降低;硝态氮肥不能与酸性肥料如过磷酸钙等混合,以免引起硝态氮分解,引起氮素损失。

肥料混合后,应保持物理性状良好。有些肥料混合后,虽然不会发生化学变化,但会导致物理性状的改变,使混合过程和施肥过程变得困难。例如硝酸铵与尿素混合后形成的混合物,其吸湿临界相对湿度仅18%,吸湿性大大提高了;尿素与过磷酸钙混合后,虽可延长尿素转化为铵的时间,但过磷酸钙中所含的结晶水会游离出来,使肥料的湿度增加,易于结块,造成施用困难。

肥料混合后,应有利于提高肥效和施肥功效。肥料混合得当既可提高肥料的肥效,又可提高施肥功效,减少施肥次数。如磷肥与堆肥、厩肥等有机肥混合后,由于有机肥在发酵分解过程中产生的各种有机酸,能结合钙离子,促进磷的溶解;同时,混合后可有效地减少磷与土壤的接触面积,降低土壤对磷的固定,提高磷肥的肥效。碳酸氢铵或硫酸铵与过磷酸钙混合,也可起到提高肥效的效果。

2. 混合施用的要点

(1)可以混合施用的肥料 凡是两种以上的肥料混合后,不损失养分而且能改善肥料的物理性质,加速养分转化,或能减少对作物的副作用、提高肥效的,都可以混合施用。如硝酸铵、硫酸铵与磷矿粉,硝酸铵与氯化钾,牲畜粪尿、厩肥、堆肥与过磷酸钙、磷矿粉,人粪尿与少量过磷酸钙等,都可以混合。

(2)可以暂时混合但不能久放的肥料 有些肥料混合后立即施用,无不良影响。如果混合后长期存放,就会引起养分的损失,或物理性质变坏,增加施用的困难。如过磷酸钙与硝态氮混合后,易引起肥料潮解,使物理性质变差,不便使用,同时引起硝态氮逐渐分解,造成氮的损失。尿素与过磷酸钙等混合,虽然营养成分没有减少,但增加了吸湿性,易结块。因此,这些肥料应随混随施,不宜混合后长期存放。

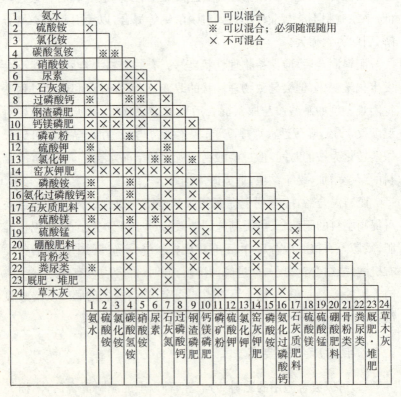

图 9-1 各种肥料施用(配伍)忌宜查对表

第九章　肥料的贮存和混合

(3)不可混合的肥料　有些肥料混合后会引起养分的损失,或把易溶性的养分变成难溶性养分,这些肥料都不可混合。例如,铵态氮肥如硫酸铵、碳酸氢铵、硝酸铵、腐熟的粪尿等不能与碱性肥料如钙镁磷肥、石灰、草木灰等混合,因为铵态氮肥和碱性物质易分解出氨气并挥发,会造成氮的损失。此外,过磷酸钙也不能与碱性肥料如草木灰、石灰等混合,因为这种混合常使可溶性磷变为弱酸溶性或难溶性磷,降低了磷肥的肥效。

各种肥料的混合关系见图 9-1,可供参考。

第十章 配方施肥技术

配方施肥技术是从20世纪80年代,随着化肥用量的不断增加和农业生产水平的提高,而提出的施肥技术。它是用肥技术上的一项革新,是农业发展的必然产物。实践证明,推广测土配方施肥技术,可以使化肥利用率提高5%～10%,增产率一般为10%～15%,高的可达20%以上。实行测土配方施肥技术不但能提高化肥利用率,获得稳产高产,还能改善农产品质量,因此测土配方施肥是一项增产节肥、节支增收的技术。

一、测土配方施肥的概念

测土配方施肥是以土壤测试和肥料田间试验为基础,根据作物需肥规律、土壤供肥性能和肥料效应,在合理施用有机肥的基础上,提出氮、磷、钾及中量元素、微量元素等肥料的施用数量、施肥时期和施用方法的技术体系。

该技术体系包括测土、配方、配肥、供肥、施肥指导等五个环节。其核心技术可概括为"12345"要诀:坚决贯彻一个原则:即有机肥与化肥配合施用原则;切实做到两个平衡:即氮、磷、钾之间及大量元素与微量元素之间的平衡;灵活掌握三种施肥方式:基肥、种肥和追肥;深刻领会四个施肥理论:养分归还学说、最小养分律、报酬递减律、因子综合作用律;全面评价五项指标:高产指标、优质指标、高效指标、环保指标、改土指标。

二、配方施肥的意义和内容

1. 配方施肥的意义

(1) **提高作物产量,保证粮食生产安全**　通过土壤养分测定,根据作物需要,正确确定施用肥料的种类和用量,才能不断改善土壤营养状况,使作物获得持续稳定的增产,从而保证粮食生产安全。

(2) **降低农业生产成本,增加农民收入**　肥料在农业生产资料成本的投入中约占50%,但是施入土壤的化学肥料大部分不能被作物吸收,未被作物吸收利用的肥料,在土壤中发生挥发、淋溶现象或被土壤固定。因此提高肥料利用率,减少肥料的浪费,对提高农业生产的效益至关重要。

(3) **节约资源,保证农业可持续发展**　采用测土配方施肥技术、提高肥料的利用率是构建节约型社会的具体体现。据测算,如果氮肥利用率提高10%,则可以节约2.5亿立方米的天然气或375万吨的原煤。在能源和资源极其紧缺的今天,进行测土配方施肥具有非常重要的现实意义。

(4) **减少污染,保护农业生态环境**　不合理的施肥会造成肥料的大量浪费,浪费的肥料必然进入环境中,造成大量原料和能源的浪费,并破坏生态环境,如氮、磷的大量流失可造成水体的富营养化。所以,使施入土壤中的化学肥料尽可能多地被作物吸收,尽可能少地在环境中滞留,有利于保护农业生态环境。

2. 配方施肥的内容

配方施肥包含测土、配方和施肥三个方面的内容。测土是配方的依据,就是取土样测定土壤养分含量;配方犹如医生看病和对症开处方,经过对土壤养分的诊断,确定目标产量,然后按照产量的要求,

化肥施用技术

估算作物需要吸收氮、磷、钾的量,根据田块土壤养分的测试值计算土壤供应养分状况,以确定氮、磷、钾肥的适宜施用量。如土壤缺少某一种微量元素,可以有针对性地适量施用这种微量元素。施肥是肥料配方在生产中的实施,以保证目标产量的实现,应根据配方确定肥料的品种、用量和土壤、作物特性,合理安排基肥和追肥比例、追肥次数、时期、用量,确定施肥技术。

三、测土配方施肥的原理

测土配方施肥以养分归还(补偿)学说、最小养分律、同等重要律、不可代替律、肥料效应报酬递减律和因子综合作用律等为理论依据,以确定不同养分的施肥总量和配比为主要内容。为了充分发挥肥料的最大增产效益,施肥必须与选用良种、肥水管理、种植密度、耕作制度和气候变化等影响肥效的诸因素结合,形成一套完整的施肥技术体系。

1. 养分归还学说

养分归还学说也叫"养分补偿学说"。其主要论点是:作物从土壤带走养分,土壤中的养分将越来越少,因此,要恢复地力就应该向土壤增加养分,归还从土壤中带走的全部东西,不然产量就会下降。

养分归还学说作为施肥基本原理是正确的。它改变了过去局限于低水平的生物循环,通过增施肥料,扩大了这种物质循环,从而为提高产量提供了物质基础。但它也存在不足和片面的地方:有重点地归还养分是对的,但全部归还则是不经济和没有必要的。如果土壤耕层积累了丰富的养分,在一段时间内某些养分可以减少或不施。养分归还学说在生产实践中还将不断充实和完善,在指导施肥方面发挥更大作用。

2.最小养分律

植物为了生长发育,需要吸收各种养分。但是决定作物产量的却是土壤中相对含量最小的养分因素,产量也在一定限度内随着这个因素的增减而相对地变化。如果不针对性地补充相对含量最小的养分,即使其他养分增加得再多,也难以提高产量,只能造成肥料的浪费,这就是最小养分律,也叫"木桶原理"。通常用装水木桶进行解释:木桶由代表不同养分含量和因素的木板组成,贮水量的多少由最短木板的高度决定(如图10-1所示)。在施肥实践中应掌握以下几点:

①最小养分是指土壤中相对含量最少而不是土壤中绝对含量最少的那种养分。

②最小养分不能用其他养分代替,即使其他养分增加再多,也不能提高产量。

③最小养分的需求量是变化的,它随作物产量水平和化肥供应数量的变化而变化。

④影响作物产量水平的因素不只最小养分一种,还包括影响作物生育的其他因素和其他营养元素。

图 10-1　木桶原理示意图

⑤相对于作物来说,最小养分是土壤供应能力最差的某种养分。随着农业生产的发展,土壤中往往不只一种养分含量不足,因此在增

施土壤中最小养分时,还要施用土壤中其他不足的养分,甚至改善影响作物生育的其他因素,化肥的肥效才能充分发挥。

3.报酬递减律

在土壤缺肥的情况下,根据作物的需要进行施肥,作物的产量会相应增加。但施肥量的增加与产量的增加并不完全呈正相关关系。在其他技术条件相对稳定的前提下,随着肥料用量的逐渐增加,作物产量亦随之增加,但作物的增产量却随施肥量的增加而呈递减趋势,当递减至零时,作物产量就达到最高值,如再继续增加肥料,则会导致减产,这就是报酬递减律。因此,施肥的增产潜力并不是无限的,施肥要有限度,超过了这个限度,就是过量施肥,必然会带来经济上的损失。

4.因子综合作用律

因子综合作用率是指作物的增产是由影响作物生长发育的各种因子综合作用的结果,如水分、温度、养分、空气、作物品种以及耕作条件等。所以,施肥措施必须与其他农业技术措施密切配合。在其他生产因子不变的条件下,肥料养分间的配合施用也应该因地制宜地加以运用,两种或两种以上的肥料配合施用产生的综合作用要比单一肥料复杂得多。

5.同等重要律

农作物生长需要的营养元素,现在已经知道的有20多种,其中碳、氢、氧可从空气和水中获得,一般不需要以肥料的形式提供。氮、磷、钾在作物体内含量较高,作物吸收得也较多,称为"大量元素",也称为"肥料三要素"。钙、镁、硫一般称为"中量元素"。铜、锌、铁、锰、硼、钼等元素,作物需要量少,称为"微量元素"。对农作物来讲,不论大量元素、中量元素还是微量元素,都是同等重要、缺一不可的。缺少某种微量元素,尽管它的需要量很少,仍会产生微量元素缺乏症,并导致减产。例如玉米缺锌导致植株矮小,油菜缺硼导致花而不实等。所以,各种元素的重要性是一样的,并不因为需要量的多少而不同,这就是同等重要律。

6. 不可替代律

农作物需要的各种营养元素,在作物体内都有一定的功能,相互之间不能代替。缺少什么营养元素,就必须施用含有该营养元素的肥料,施用其他肥料不仅不能解决缺素的问题,有些时候还会加重缺素症状,这就是不可替代律。因此,施肥要有针对性,也就是说要缺什么元素补什么元素。

四、配方施肥技术原则

一是有机肥料与无机肥料相结合。实施测土配方施肥必须以有机肥料为基础。土壤有机质是土壤肥沃程度的重要指标。增施有机肥料可以增加土壤有机质含量,改善土壤理化性状,提高土壤保水保肥能力,增强土壤微生物的活性,促进化肥利用率的提高。因此,必须坚持多种形式的有机肥料投入,才能够培肥地力,实现农业可持续发展。

二是大量元素、中量元素、微量元素相配合。各种营养元素的配合是配方施肥的重要内容。随着产量的不断提高,在耕地高度集约利用的情况下,必须进一步强调氮、磷、钾肥的相互配合,并补充必要的中量元素、微量元素,才能获得高产稳产。

三是用地与养地相结合,投入与产出相平衡。要使"作物—土壤—肥料"形成物质和能量良性循环,必须坚持用养结合,投入产出相平衡。破坏或消耗了土壤肥力,就意味着降低了农业再生产的能力。

五、配方施肥的基本技术

配方施肥的肥料配方设计,首先应确定氮、磷、钾养分的用量,然后确定相应的肥料组合,通过提供配方肥或发放肥料建议卡,指导农民科学用肥。目前,常用的肥料用量确定方法有三种。

1. 地力分区(级)配方法

地力分区(级)配方法是将田块按土壤肥力高低分成若干等级(如高、中、低)或划出若干个肥力均等的田片,作为配方区,再利用土壤普查资料和过去田间试验结果,结合群众经验,估算出此配方区内较适宜的肥料种类及施用量。

这种配方法的优点是针对性较强,方法简便,提出的用量和措施接近当地的经验,群众容易接受;缺点是有地区局限性,依赖经验较多,精确度差。

2. 目标产量配方法

目标产量配方法是根据作物产量的构成和由土壤与肥料两个方面供给养分的原理来计算肥料的施用量。目标产量确定后,通过计算作物需要吸收的养分量来施用肥料。目前有两种计算法。

(1) 养分平衡法 以土壤养分测定值来计算土壤供肥量,再按下列公式计算肥料需要量。

$$肥料需要量 = \frac{作物养分吸收量 - 土壤供肥量}{肥料中养分含量(\%) \times 肥料当季利用率}$$

式中作物养分吸收量=作物单位产量养分吸收量×目标产量;土壤供肥量=土壤养分测定值×0.15×校正系数,土壤养分测定值以毫克/千克表示,0.15为养分换算系数。

这种方法的优点是概念清楚,容易掌握;缺点是土壤养分处于动态平衡,测定值是一个相对量,通常要通过试验取得校正系数加以调

第十章 配方施肥技术

整,而校正系数变异大,难以得到准确的结果。

(2)地力差减法 作物在不施任何肥料的情况下所获得的产量称"空白田产量",作物所吸收的养分全部来自土壤。从目标产量中减去空白田产量,就是施肥所得产量。按下列公式可计算肥料需要量。

肥料需要量＝

$$\frac{作物单位产量养分吸收量 \times (目标产量 - 空白田产量)}{肥料中养分含量(\%) \times 肥料当季利用率(\%)}$$

举例:如某地的玉米试验田,空白田产量为341千克,目标产量为490千克,每千克玉米吸收氮0.027千克,玉米对尿素利用率为26%,则应施尿素为:

$$尿素施用量 = \frac{0.027 \times (490 - 341)}{0.46 \times 0.26} = 33.6 千克$$

这种方法的优点是不需要进行土壤测试,避免了养分平衡法的缺点。但空白田产量不能预先获得,同时,空白田产量很难表示养分的丰缺状况,只能以作物吸收量来计算需肥量,不能全面反映土壤供肥状况。

3.田间试验配方法

田间试验配方法是指通过单因子或多因子设计多点田间试验,选出最优配方,确定肥料的施用量。这种方法有三种做法。

(1)肥料效应函数法 一般采用单因子或二因子多水平试验设计处理,然后将不同试验所得的产量进行数理统计,求得产量与施肥之间的函数关系(即肥料效应方程式)。根据方程式可以求得不同元素肥料的增产效应,而且可以分别计算出最优施肥量,作为建议施肥量的依据。这种方法的优点是能客观地反映肥料等因素的单一和综合效果,施肥精准度高,符合实际情况;缺点是地区局限性强,不同土壤、气候、耕地、品种等需布置不同试验。

(2) **养分丰缺指标法** 利用土壤养分测定值和作物吸收养分之间的互相关系,把土壤测定值以一定的级差分等,可制成养分丰缺与应施肥料数量检索表。只要取得土壤测定值,便可对照检索表,按级确定肥料施用量。

(3) **氮、磷、钾比例法** 该方法的原理是通过田间试验,在一定地区的土壤上,取得某一作物不同产量情况下各种养分之间的最优比例,然后通过对一种养分的定量,按各种养分之间的比例关系,来决定其他养分的肥料用量,如以氮定磷、定钾,以磷定氮,以钾定氮等。

应了解配方施肥三大系统的特点。配方施肥是根据作物需肥规律、土壤供肥特性与肥料效应,在以有机肥为基础的条件下,提出氮、磷、钾和微肥的适宜用量和比例及其相应的施肥技术。目前,在全国应用的配方施肥方法很多,从基本原理方面可分为测土施肥法、肥料效应函数法和农作物营养诊断法三大系统。

六、配方施肥中的若干参数

在配方施肥的基本技术一节中,提出过一些参数,这些参数是配方施肥的基本科学依据,是不可缺少的。为了便于应用,有必要对各参数的基本意义进行说明。

1. 目标产量

目标产量即计划产量,是决定肥料需要量的原始依据。目标产量应根据土壤肥力来确定,因为土壤肥力是决定产量高低的基础。通常在确定目标产量时,要先做不施任何肥料的空白产量和最高产区产量的比较,取得大量的田间试验产量数据,再用一元一次方程的试验公式求得目标产量。但是,在推广配方施肥时,常常不能预先获得空白田产量,这时可以当地前三年作物平均产量为基础,将粮食作物增加 10%～15%,露地蔬菜增加 20% 左右,设施蔬菜增加 30% 左右,作为目标产量。

2. 肥料利用率

肥料利用率是把营养元素用量换算成肥料实物量的重要参数，它对肥料定量的准确性影响很大。一般通过差减法来计算：利用施肥区作物吸收的养分量减去不施肥区作物吸收的养分量，将其差值作为肥料供应的养分量，再除以所用肥料养分量就是肥料利用率。一般可用下面公式求得：

$$某元素肥料肥料利用率 = \frac{施肥区作物含该元素总量 - 空白区作物含该元素总量}{施入肥料中该元素总量} \times 100\%$$

3. 单位产量养分吸收量

单位产量养分吸收量指作物每生产一单位（如千克、100 千克或 1000 千克等）经济产量，吸收的养分量。可用下面公式计算求得：

$$单位产量养分吸收量 = \frac{作物地上部分所含养分总量}{作物经济产量}$$

4. 换算系数

使用土壤测定值换算成每亩土壤养分含量（千克）时，通常使用换算系数 0.15。通常把土壤 20 厘米以上表层作为植物营养层，其总量为 150000 千克土，养分测定值用毫克/千克表示。计算如下：

$$150000(千克土) \times 1000000^{-1}(毫克/千克) = 0.15$$

5. 养分丰缺指标

养分丰缺指标是测定土壤值和产量之间相关性的一种表达形式，在测定土壤时进行多点田间试验，获得全肥区和缺素区的产量，用缺素区产量占全肥区产量的百分数表示丰缺状况。相对产量低于 50％的土壤养分含量为极低；在 50％～75％之间为低；在 75％～

95%之间为中；大于95%时为高，从而可以确定出适用于某一区域、某种作物的土壤养分丰缺指标及对应的施用肥料数量。对于该区域其他田块，通过土壤养分测定就可以了解土壤养分的丰缺状况，提出相应的推荐施肥量。

6.地力分级

目前，一般以产量多少作为分级的标准，这种分级方式方便操作且易掌握，也可用土壤测定值作为土壤分级的标准。各地要根据实际情况进行分级。

七、实施测土配方施肥的步骤

测土配方施肥技术包括测土、配方、配肥、供应、施肥指导等五个核心环节，具体包括以下九项重点内容。

1.田间试验

田间试验是获得各种作物最佳施肥量、施肥时期、施肥方法的根本途径，也是筛选、验证土壤养分测试技术、建立施肥指标体系的基本环节。通过田间试验，可以掌握各个施肥单元不同作物优化施肥量、基肥、追肥分配比例，施肥时期和施肥方法；摸清土壤养分校正系数、土壤供肥量、农作物需肥参数和肥料利用率等基本参数；构建作物施肥模型，为施肥分区和肥料配方提供依据。

2.土壤测试

土壤测试是制定肥料配方的重要依据之一。随着我国种植业结构的不断调整，高产作物品种不断涌现，施肥结构和数量发生了很大的变化，土壤养分库也发生了明显的改变。通过开展土壤氮、磷、钾及中量元素、微量元素养分测试，可以了解土壤供肥能力状况。

第十章 配方施肥技术

3. 配方设计

肥料配方设计是测土配方施肥工作的核心。通过总结田间试验、土壤养分数据等,划分不同区域施肥分区;同时,根据气候、地貌、土壤、耕作制度等的相似性和差异性,结合专家经验,提出不同作物的施肥配方。

4. 校正试验

为保证肥料配方的准确性,最大限度地减少配方肥料批量生产和大面积应用的风险,在每个施肥分区单元设置配方施肥、农户习惯施肥、空白施肥三个处理。以当地主要作物及其主栽品种为研究对象,对比配方施肥的增产效果,校验施肥参数,验证并完善肥料配方,改进测土配方施肥技术参数。

5. 配方加工

配方落实到农户田间是提高和普及测土配方施肥技术的最关键环节。目前不同地区有不同的模式,其中最主要的、最具有市场前景的运作模式就是市场化运作、工厂化加工、网络化经营。这种模式适应我国农村农民科技素质低、土地经营规模小、技物分离的现状。

6. 示范推广

为保证测土配方施肥技术能够落实到田间,既要解决测土配方施肥技术市场化运作的难题,又要让广大农民亲眼看到实际效果,这是推广测土配方施肥技术的关键。建立测土配方施肥示范区,为农民创建窗口,树立样板,全面展示测土配方施肥技术效果,是推广前要做的工作。推广"一袋子肥"模式,将测土配方施肥技术物化成产品,方便农民施用,有利于打破技术推广的壁垒。

7. 宣传培训

测土配方施肥技术宣传培训是提高农民科学施肥意识、普及技术的重要手段。农民是测土配方施肥技术的最终使用者,因此迫切需要向农民传授科学施肥方法和模式,使广大农民掌握合理的施肥量、施肥时期和施肥方法;同时还要加强对各级技术人员、肥料生产企业、肥料经销商的系统培训,逐步建立技术人员和肥料商持证上岗制度。

8. 效果评价

农民是测土配方施肥技术的最终执行者和落实者,也是最终受益者。应检验测土配方施肥的实际效果,及时获得农民的反馈信息,不断完善管理体系、技术体系和服务体系。同时,为科学地评价测土配方施肥的实际效果,必须对一定的区域进行动态调查。

9. 技术创新

技术创新是保证测土配方施肥工作长效性的科技支撑。应重点开展田间试验方法、土壤养分测试技术、肥料配制方法、数据处理方法等方面的创新研究工作,不断提升测土配方施肥技术水平。

八、肥料效应田间试验

1. 试验设计

肥料效应田间试验设计方案取决于研究目的。2008年农业部下发的"测土配方施肥技术规程(试行)"推荐采用"3414"方案设计,因此本书也采用这种方案设计,在具体实施过程中可根据研究目的的不同采用"3414"完全实施方案或"3414"部分实施方案。

(1)"3414"完全实施方案 "3414"方案设计吸收了回归最优设

第十章 配方施肥技术

计处理少、效率高的优点,是目前国内外应用较为广泛的肥料效应田间试验方案。"3414"是指氮、磷、钾3个因素、4个水平、14个处理。4个水平的含义:0水平指不施肥,2水平指当地最佳施肥量的近似值,1水平=2水平×0.5,3水平=2水平×1.5(该水平为过量施肥水平),见表6-1。

表 10-1 "3414"试验方案处理

试验编号	处理	氮	磷	钾
1	$N_0P_0K_0$	0	0	0
2	$N_0P_2K_2$	0	2	2
3	$N_1P_2K_2$	1	2	2
4	$N_2P_0K_2$	2	0	2
5	$N_2P_1K_2$	2	1	2
6	$N_2P_2K_2$	2	2	2
7	$N_2P_3K_2$	2	3	2
8	$N_2P_2K_0$	2	2	0
9	$N_2P_2K_1$	2	2	1
10	$N_2P_2K_3$	2	2	3
11	$N_3P_2K_2$	3	2	2
12	$N_1P_1K_2$	1	1	2
13	$N_1P_2K_1$	1	2	1
14	$N_2P_1K_1$	2	1	1

该方案中,通过处理1可以获得基础地力产量,即空白区产量。此外,除了可应用14个处理进行氮、磷、钾三元二次效应方程的拟合外,还可分别进行氮、磷、钾中任意二元或一元效应方程的拟合。如:进行氮、磷二元效应方程拟合时,选用处理2～7、11、12可求得在以K_2水平为基础的氮、磷二元二次效应方程;选用处理2、3、6、11可求得在以P_2K_2水平为基础的氮肥效应方程;选用处理4、5、6、7可求得在以N_2K_2水平为基础的磷肥效应方程;选用处理6、8、9、10可求得在以N_2P_2水平为基础的钾肥效应方程。

(2)"3414"部分实施方案 要试验氮、磷、钾某一个或两个养分的效应,或因其他原因无法实施"3414"的完全实施方案,可在"3414"方案中选择相关处理进行实施,即"3414"部分实施方案。这样既保持了测土配方施肥田间实验总体设计的完整性,又考虑到不同区域土壤养分的特点和不同试验目的的具体要求,可以满足不同层次的需要。

如有些区域重点要检验氮、磷效果,可在 K_2 作肥底的基础上进行氮、磷二元肥料效应试验,但应设置 3 次重复。具体处理见表 10-2。

表 10-2 "3414"部分试验方案处理

"3414"方案处理编号	处理	氮	磷	钾
1	$N_0P_0K_0$	0	0	0
2	$N_0P_2K_2$	0	2	2
3	$N_1P_2K_2$	1	2	2
4	$N_2P_0K_2$	2	0	2
5	$N_2P_1K_2$	2	1	2
6	$N_2P_2K_2$	2	2	2
7	$N_2P_3K_2$	2	3	2
11	$N_3P_2K_2$	3	2	2
12	$N_1P_1K_2$	1	1	2

如在肥料试验中,为了取得土壤养分供应量、作物吸收养分量、土壤养分丰缺指标等参数,一般把试验设计为 5 个处理:无肥区(C)、氮磷钾区(NPK)、无氮区(PK)、无磷区(NK)和无钾区(NP)。设计中氮、磷、钾用量应接近效应函数计算的最高产量施肥量或用其他方法推荐的合理用量,试验处理见表 10-3。

表 10-3 "3414"部分试验方案处理

"3414"方案处理编号	处理	氮	磷	钾
无肥区	$N_0P_0K_0$	0	0	0
无氮区	$N_0P_2K_2$	0	2	2
无磷区	$N_2P_0K_2$	2	0	2
无钾区	$N_2P_2K_0$	2	2	0
氮磷钾区	$N_2P_2K_2$	2	2	2

2. 试验实施

(1) **试验地选择**　试验地应选择地块平坦、整齐、均匀,具有代表性的具有不同肥力水平的地块。坡地应选择坡度平缓、肥力差异较小的田块。试验地应避开道路、堆肥场所等特殊的地块。

(2) **试验品种选择**　田间试验应明确所用的作物品种,一般应选择当地主栽作物品种或逆推广的品种。

(3) **试验准备**　试验准备包括整地、设置保护行、划分试验地区;小区单灌单排,避免串灌串排;试验前多采集土壤样品。依据测试项目不同,分别制备新鲜或风干的混合土样。

(4) **试验重复与小区排列**　为保证试验精度,减少人为因素、土壤肥力和气候因素的影响,田间试验一般设 3~4 个重复(或区组)。采用随机区组排列,区组内土壤、地形等条件应相对一致,区组间允许有差异。

(5) **小区面积**　大田作物和露地蔬菜作物的小区面积一般为 20~50 米^2,密植作物可小些,中耕作物可大些;密植作物的小区宽度不小于 3 米,中耕作物不小于 4 米。设施蔬菜作物一般为 20~30 米^2,至少 5 行以上。多年生果树类选择土壤肥力差异小的地块和树龄相同、株形和产量相对一致的单株成年果树。

(6) **试验田间观察、记录与收获**　试验实施期间,选择关键生育期观察、记录各处理作物的重要生长、生育指标,记录其他相关信息。收获时要求每个小区单打、单收、单计产,并对不同处理进行考种。

(7) **试验资料整理**　试验结束后,及时整理试验资料,认真填写田间试验结果汇总表,建立试验档案,同时将整理后的资料上报有关部门。

(8) **关于试验的其他要求**　在区域内,每种作物一般需要设置分布于不同土壤肥力水平上 10 个左右的试验;为消除年景差异,试验一般需要做 3 年以上。

3.样品的采集、制备与测定

(1)土壤样品的采集与制备

①土壤样品的采集。土壤样品的采集与处理是土壤分析工作的一个重要环节,直接关系到分析结果的正确与否。因此必须按正确的方法采集和处理土样,以便获得符合实际的分析结果。采集的土壤样品应具有代表性,根据不同的分析项目选择采集和处理方法。

采样单元:采样前要详细了解采样地区的土壤类型、肥力等级和地形等因素,将测土配方施肥区域划分为若干个采样单元,每个采样单元的土壤要尽可能均匀一致。平均每个采样单元为100~200亩(平原区、大田作物每100~500亩采一个混合样,丘陵区、大田园艺作物每30~80亩采一个混合样)。为了便于田间示范追踪和施肥分区需要,采样集中于每个采样单元相对中心的典型地块,面积为1~10亩。当土壤和作物田间变异很大时,可适当缩小采样单元。

采样时间:在作物收获后或播种施肥前采集,一般在秋后;果园土壤样品在果品采摘后第一次施肥前采集。进行氮肥追肥推荐时,应在追肥前或作物生长的关键时期采集。

采样周期:同一采样单元,无机氮每季或每年采集1次,或进行植株氮营养快速诊断;土壤有效磷、速效钾每2~3年采集1次,中量元素、微量元素每3~5年采集1次。

采样深度:采样深度一般为0~20厘米,果园为的采样深度为0~40厘米。进行土壤硝态氮或无机氮含量测定时,采样深度应根据不同作物、不同生育期的主要根系分布深度确定。

采样点数量:要保证足够的采样点,使之能代表采样单元的土壤特性。每个样品采样点的多少,取决于采样单元的大小、土壤肥力的一致性等,一般以7~20个点为宜。

采样路线:采样时应沿着一定的线路,按照随机、等量和多点混合的原则进行采样。一般采用S形布点采样,能够较好地克服耕作、

第十章 配方施肥技术

施肥等所造成的误差。在地形变化小、地力较均匀、采样单元面积较小的情况下,也可采用梅花形布点取样,要避开路边、田埂、沟边、肥堆等特殊部位。

采样方法:每个采样点的取土深度及采样量应均匀一致,土样上层与下层的比例要相同。取样器应垂直于地面入土,深度相同。用取土铲取样时应先铲出一个耕层断面,再平行于断面下铲取土。测定微量元素的样品必须用不锈钢取土器采样。

样品量:一个混合土样以取土1千克左右为宜(用于推荐施肥的取0.5千克,用于试验的取2千克),如果一个混合样品的数量太大,可用四分法将多余的土壤弃去。方法是将采集的土壤样品放在盘子里或塑料布上,弄碎、混匀,铺成四方形,画对角线将土样分成四份,把对角的两份分别合并成一份,保留一份,弃去一份。如果所得的样品依然很多,可再用四分法处理,直至获得所需数量为止。

样品标记:将采集的样品放入统一的样品袋,用铅笔写好标签,内外各放一张标签。

②土壤样品的制备。

新鲜样品:某些土壤成分如二价铁、硝态氮、铵态氮等在风干过程中会发生显著变化,必须用新鲜样品进行分析。为了能真实地反映土壤在田间自然状态下的某些理化性状,新鲜样品要及时送回室内进行处理分析,用粗玻璃棒或塑料棒将样品混匀后迅速称样测定。

新鲜样品一般不宜贮存,如需要暂时贮存,可将新鲜样品装入塑料袋,扎紧袋口,放在冰箱冷藏室或进行速冻保存。

风干样品:采回的样品应置于干净的室内通风处自然风干,严禁暴晒,并注意防止污染。风干过程中要经常翻动土样,将大土块捏碎以加速干燥,并剔出石头、杂草等杂质。

风干后的土样按照不同的分析要求研磨过筛,充分混匀后,装入样品瓶中备用。瓶内外各放一张标签,写明编号、采样地点、土壤名称、采样深度、样品粒径、采样日期、采样人及制样时间、制样人等项目。制备好的样品要妥善贮存,避免日晒、高温、潮湿以及酸碱等气体的污染。分析工作全部结束,分析数据核实无误后,试样一般还要保存3个月至1年,以备查询。

一般化学分析试样:将风干后的样品平铺在制样板上,用木棍或塑料棍碾压,并将植物残体、石块等剔除干净。压碎的土样要全部通过20目孔径筛子。未过筛的土粒必须重新碾压过筛,直至全部样品通过20目孔径筛子为止。有条件时,可采用土壤样品粉碎机粉碎。过20目孔径筛子的土样可供pH、盐分、交换性能及有效养分等项目的测定。将通过20目孔径筛子的土样用四分法取出一部分继续碾磨,使之全部通过100目孔径筛子,可供有机质、全氮、全磷等项目的测定。

微量元素分析试样:用于微量元素分析的土样,其处理方法同一般化学分析样品,但在采样、风干、研磨、过筛、运输、贮存等环节都要特别注意,不要接触金属器具,以防污染。如采样、制样应使用木、竹或塑料工具,过筛使用尼龙网筛等。通过20目孔径尼龙筛子的样品可用于测定土壤有效态微量元素含量。

(2)植物样品的采集与制备

①植物样品的采集。

采集要求:植物样品分析的可靠性受样品数量、采集方法及分析部位的影响,因此,采样应具有代表性、典型性和适时性。

代表性:采集样品能符合群体情况,采样量一般为1千克。

典型性:采样的部位能反映所要了解的情况。

适时性:根据研究目的,在植物不同生长发育阶段,定期采样。粮食作物一般在成熟后收获前采集籽实部分及秸秆;发生偶然污染事故时,在田间采集整个植株样品;水果及其他植株样品应根据研究目的确定采集时期。

采集前准备工作:选择具有采样经验、明确采样方法和要领、对采样区域农业环境情况熟悉的技术人员负责采样;同时要备有采样区域的地形图、土壤分布图、污染源分布图、粮食作物分布图、交通行政图等,准备采样工具、采样袋(布袋、纸袋或塑料袋)、采样记录等。

粮食作物样品采集:由于粮食作物生长具有不均一性,一般采用多点取样法,避开田边 2 米,按梅花形(适用于采样单元面积小的情况)或 S 形采样法采样。在采样区内采取 10 个样点的样品组成一个混合样。采样量根据检测项目而定,籽实样品一般为 1 千克左右,装入纸袋或布袋;若采集完整植株样品,则可以多采一些,约 2 千克,用塑料纸包扎好。

水果样品采集:在平坦果园中采样时,可采用对角线法布点采样,由采样区的一角向另一角引一条对角线,在此线上等距离布设采样点,采样点的多少根据采样区域面积、地形及检测目的确定。在山地果园中采样时,应按不同海拔高度均匀布点,采样点一般不应少于 10 个。对于树型较大的果树,采样时应在果树的上、中、下、内、外部及果实着生方位(东南西北)均匀采摘果实 1 千克左右。将各点采摘的果品进行充分混合,按四分法缩分,根据检验项目要求,最后分取所需份数,每份 1 千克左右,分别装入袋内,粘贴标签,扎紧袋口。水果样品采摘时要注意果树的树龄、长势、载果数量等。

蔬菜样品采集:蔬菜品种繁多,按食用部位(器官)可大致分成叶菜、根菜、茎菜、花菜、果菜五类,具体根据需要确定采样对象。

在菜地采样可按对角线或 S 形采样法布点,采样点应不少于 10 个,采样量根据样本个体大小确定,一般每个点的采样量不少于 1 千克。从多个点采集的蔬菜样品,按四分法进行缩分,其中个体大的样本,如大白菜等,可纵向对称切成四份或八份,取其两份进行缩分,最后分取三份,每份约 1 千克,分别装入塑料袋,粘贴标签,扎紧袋口。

如需用鲜样进行测定,在采样时,最好连根带土一起挖出,装入湿布或塑料袋中,防止萎蔫。采集根部样品时,在抖落泥土时或洗净泥土过程中应尽量保持根系的完整。

标签内容:标签内容包括采样序号、采样地点、样品名称、作物品种、土壤名称(或当地俗称)、成土母质、地形地势、耕作制度、前茬作物及产量、化肥农药施用情况、灌溉水源、采样点地理位置简图等。果树要记载树龄、长势、载果数量等,同时还应标明采样人和采样时间。

②植株样品的处理与保存。粮食籽实样品需及时晒干脱粒,充分混匀后用四分法缩分至所需量。当需要洗涤时,注意洗涤时间不宜过长并及时风干。为了防止样品变质、虫咬,需要定期进行风干处理。使用不污染样品的工具把糙米、麦粒、玉米粒等籽实粉碎,过0.5毫米孔径筛子,制成待测样品。测定重金属元素含量时,不要使用金属器械,如钢制粉碎机、金属筛等,推荐使用竹、木、石质、瓷质、塑料等制品。

先洗干净完整的植株样品,根据粮食作物生物学特性,采用能反映特征的植株部位,用不污染待测元素的工具剪碎样品,充分混匀,用四分法缩分至所需量,制成鲜样或置于60℃烘箱中烘干后粉碎备用。

在田间(或市场)所采集的新鲜水果、蔬菜、烟叶和茶叶等样品,若不能及时进行分析测定,应暂时放入冰箱保存。

4.土壤与植物样品测定

土壤与植物样品的测定是测土配方施肥的重要环节,是制定肥料配方的重要依据。土壤和植物样品制备完毕后,以标准或推荐方法测定样品中各种元素的含量。

九、田间基本情况调查

肥料的配方设计及校验除了依靠肥料试验和测土结果外,还受土壤性状、前茬作物种类、施肥水平等因素的影响,需要参考田块土壤性状、产量水平、管理措施等对推荐参数或推荐结果进行修正。如参考调查的产量水平来确定目标产量,根据土壤类型和土壤质地对养分丰缺指标进行调整,根据地块基本情况选用合适的肥料效应函数。田间调查的主要内容包括土壤基本性状、前茬作物种类、产量水平和施肥水平等。

十、配方肥料合理施用

在养分需求与供应平衡的基础上,坚持有机肥料与无机肥料相结合;坚持大量元素与中量元素、微量元素相结合;坚持基肥与追肥相结合;坚持施肥与其他措施相结合。在确定肥料用量和肥料配方后,合理施肥的重点是选择肥料种类、确定施肥时期和施肥方法等。

配方肥料种类:根据土壤性状、肥料特性、作物营养特性、肥料资源等综合因素确定肥料种类,可选用单质或复混肥料自行配制配方肥料,也可直接购买配方肥料。

施肥时期:根据肥料性质和植物营养特性,适时施肥。植物生长旺盛和吸收养分的关键时期应重点施肥,有灌溉条件的地区应分期施肥。为确定作物不同时期的氮肥推荐量,有条件的区域应建立和采用实时监控技术。

施肥方法:常用的施肥方法有撒施后耕翻、条施、穴施等。应根据作物种类、栽培方式、肥料性质等选择适宜的施肥方法。氮肥应深施覆土,施肥后灌水量不能大,否则易造成氮素淋洗损失;水溶性磷肥应集中施用,难溶性磷肥应分层施用或与有机肥料堆沤后撒施;有机肥料应经腐熟后撒施,并深翻入土。

施肥数量:对于分区配方的地区,要根据每一特定分区,在确定肥料种类后,利用上述基于田块的肥料配方设计中肥料用量的推荐方法,确定该区肥料的推荐用量。而对于田块配方的地区,在进行田块配方的同时就可确定肥料推荐用量,无需重新确定施肥数量。

十一、开展配方施肥典型实例

1. 安徽全椒县水稻配方肥肥效试验结果

2011年,在中国农业大学－司尔特肥业有限公司测土配方施肥研究基地(安徽)的指导下,安徽科技学院等单位相关专家在全椒县开展了水稻配方肥肥效试验。

全椒县地处北纬31°51′~32°15′,东经117°49′~118°25′,属北亚热带向暖温带过渡性气候,四季分明,光照充足,年平均气温为15.4℃,年降水量为800~1000毫米,全年无霜期大于210天。境内多丘陵,有水稻土、黄棕壤、潮土、紫色土、石灰岩(土)等5个土类,其中水稻土占土壤总面积的一半以上。

(1)材料与方法

①试验时间和地点。2011年5月至2011年12月,试验在全椒县六镇镇草庵村塘东组进行。试验地位于东经118°2′,北纬32°3′,海拔35.6米。

②供试土壤。土壤为下蜀系黄土母质发育的黄马肝田,质地为黏壤土。土壤耕层基本肥力性状为:有机质21.0克/千克,碱解氮116毫克/千克,有效磷3.5毫克/千克,全钾24.5克/千克,速效钾101毫克/千克,pH 6.8,肥力水平中等。前茬为小麦。

③供试作物。供试作物为水稻9优418。该品种于2000年通过国家农作物品种审定委员会审定(国审稻20000009);于2001年通过安徽省品种审定,是北方稻区国家区试和江苏省区试对照品种。

④供试肥料。配方复混肥料:45%(17－12－16);普通复混肥料:45%(15－15－15);尿素:氮含量为46%;过磷酸钙:五氧化二磷含量为12%;氯化钾:氧化钾含量为60%。

⑤试验设计与实施。试验方案依据"测土配方施肥项目技术规范"、"安徽省'3414'肥效田间试验总体方案的指导意见"和"2011年

中国农业大学－司尔特肥业有限公司测土配方施肥研究基地(安徽)工作方案"的要求设计,共设置 4 个处理:推荐施肥Ⅰ(配方肥)、推荐施肥Ⅱ(配方小调整)、常规施肥、空白对照。各处理施肥情况如下。

• 推荐施肥Ⅰ(配方肥)。

施肥量:N 15 千克/亩,P_2O_5 4.5 千克/亩,K_2O 9 千克/亩。

施肥方法:

基肥:45%配方肥(17－12－16)40 千克/亩。

追肥。分蘖肥:移栽后 5～7 天追施尿素 10 千克/亩。拔节肥:氯化钾 5 千克/亩。穗肥:倒 1.2 至倒 1.5 叶期追施尿素 6 千克/亩。根外追肥:齐穗后叶面喷施 0.2%KH_2PO_4 和 1%尿素混合液。

• 推荐施肥Ⅱ(配方小调整)。根据土壤测试结果,在配方肥基础上运用单质肥料适当调整养分比例。

示范点土壤测试结果:碱解氮(N)116 毫克/千克;速效磷(P)3.5 毫克/千克;速效钾(K)101 毫克/千克。结果显示土壤缺磷较为严重,根据土壤测试结果,施肥方案调整为:

施肥量:N 15 千克/亩,P_2O_5 6 千克/亩,K_2O 9 千克/亩。

施肥方法:

基肥:45%配方肥(17－12－16)40 千克/亩＋12%普钙 12.5 千克/亩。

追肥。分蘖肥:移栽后 5～7 天追施尿素 10 千克/亩。拔节肥:氯化钾 5 千克/亩。穗肥:倒 1.2 至倒 1.5 叶期追施尿素 6 千克/亩。根外追肥:齐穗后叶面喷施 0.2%KH_2PO_4 和 1%尿素混合液。

• 常规施肥。

施肥量:N 15.4 千克/亩,P_2O_5 6 千克/亩,K_2O 3 千克/亩。

施肥方法:

基肥:尿素 20.9 千克/亩＋普通过磷酸钙 31.6 千克/亩＋氯化钾 6.3 千克/亩。

追肥:移栽后 7～10 天,追施尿素 14.8 千克/亩。

- 空白对照。不施肥。

施肥各处理小区面积200米^2,空白区面积30米^2,田间布置见图10-2。

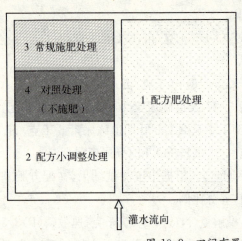

注：常规施肥处理完全由农民按照当地习惯进行施肥管理，配方处理只是按照试验要求改变施肥数量和方式，对照处理则不施任何化学肥料，配方小调整处理是在大配方肥的基础上根据土壤测试结果和水稻需肥量适当调整，其他管理与习惯处理相同。处理间要筑田埂及排、灌沟，单灌单排，禁止串排串灌。

图10-2　田间布置图

5月5日播种、湿润育秧。6月10日移栽，人工栽插，株行距16.5厘米×23.1厘米。生长期间浅水勤灌。7月5日烤田。空白区于9月24日施肥处理，9月29日收获。

5月18日、6月6日防治秧田二化螟及灰飞虱，使用福戈10克/亩。7月26日防治大田稻纵卷叶螟和纹枯病，使用毒死蜱100克/亩加满穗20毫升/亩。8月10日防治大田二化螟、稻曲病和穗颈瘟，使用福戈10克/亩、爱苗20毫升/亩和稻瘟散70毫升/亩。

(2)**试验结果**　不同处理对水稻生长经济性状及产量的影响见表10-4。

表 10-4　各处理对水稻经济性状与产量的影响

试验处理	生育期（天）	有效穗（万/亩）	株高（厘米）	穗长（厘米）	每穗粒数			千粒重（克）	产量（千克/亩）
					结实	空壳	总数		
配方肥	148	15.82	117.2	24.6	193	19	212	26.71	510.2
配方小调整	148	17.05	123.4	24.3	213	29	242	26.39	595.2
习惯施肥	147	14.53	117.4	24.0	201.4	13	214.4	26.37	479.0
不施肥	142	7.87	115.0	26.8	191.4	19.6	210.8	27.07	256.6

由表10-4可以看出,与习惯施肥和不施肥处理相比,配方肥及配方小调整处理能明显改善水稻的经济性状,提高水稻产量;与习惯施肥处理相比,配方肥及配方小调整处理的产量分别提高6.15%和24.3%。

2.安徽定远县小麦配方肥肥效对比试验报告

2011年,在前期研究工作的基础上,相关专家开展了小麦配方肥的研究工作。小麦肥料配方依据"3414"田间试验的结果和以往的研究经验,在安徽省土壤肥料总站和安徽省农科院、安徽科技学院等单位相关专家的指导下完成。2011年10月,在中国农业大学——司尔特肥业有限公司测土配方施肥研究基地(安徽)的支持下,相关专家开展了小麦配方肥效果对比试验,以期推动测土配方施肥技术成果的推广应用,提升小麦生产的科技水平、提高小麦产量、增加农民收益,使农民真正受惠于测土配方施肥技术研究成果。

(1)材料与方法

①区域条件。试验地为定远县西卅店镇杨炳国承包地,位于镇南部的江淮丘陵地区。试验区域年平均气温为15℃左右,大于等于0℃积温为5500℃,大于等于10℃积温为5300℃,无霜期为216天,年平均降水量为850毫米,降水季节多集中在高温期的6～8月份,约占全年降水量的50%以上,具有较为典型的江淮分水岭易旱地区的气候、土壤和农业生产条件。

②土壤。土壤为下蜀黄土发育的黄褐土,质地为黏壤土。土壤耕层基本肥力性状为:有机质13.5克/千克,全氮0.96克/千克,碱解氮93毫克/千克,有效磷8.5毫克/千克,速效钾103毫克/千克,pH 6.5,肥力水平中等。前茬为玉米。

③作物品种。作物品种为济麦22。

④供试肥料。氮肥品种为尿素,含氮(N)量46%;磷肥品种为过磷酸钙,含磷(P_2O_5)量12%;钾肥品种为氯化钾,含钾(K_2O)量60%。配方肥[45%(18-12-15)]由定远县土肥站根据三年的小麦"3414"试验结果,在安徽省土肥总站和科研机构、高校的专家指导下制定配方,委托肥料生产企业加工生产。

⑤试验设计与实施。试验方案依据"测土推荐施肥项目技术规范"和"安徽省'3414'肥效田间试验总体方案"的指导意见和中国农业大学—司尔特肥业有限公司测土配方施肥研究基地(安徽)的要求设计,整个试验方案共设置4个处理:常规施肥对照区;测土配方施肥区;不施肥空白处理区;配方小调整区。

• 常规施肥对照区——300米²(0.45亩)。

施肥量:N 11.8千克/亩,P_2O_5 2.5千克/亩,K_2O 3.75千克/亩。

肥料运筹:

基肥:40%(15-10-15)复合肥30千克/亩,尿素12.5千克/亩(折合每小区复合肥13.5千克、尿素5.63千克)。

追肥(千克/亩):追施返青肥,尿素7.5。

• 测土配方施肥区——300米²(0.45亩)。

施肥量:N 12千克/亩,P_2O_5 4.5千克/亩,K_2O 7.5千克/亩。

肥料运筹:

基蘖肥:45%(18-12-15)配方肥38千克/亩(折合每小区配方肥17.1千克)。施肥方法:将30千克基蘖肥于犁地前撒匀、耕翻,将8千克基蘖肥于耕翻后撒匀、耙地。

追肥。拔节肥:第一节定长后,施尿素12千克/亩和氯化钾3千克/亩,(折合每小区尿素 5.4 千克、氯化钾 1.35 千克);根外追肥:齐穗后叶面喷施 0.3%KH_2PO_4 和 1%尿素混合液。

- 不施肥的空白处理区——30 米^2。
- 配方小调整区——300 米^2(0.45 亩)。

依据与思路:根据土壤测试结果,在配方肥基础上运用单质肥料适当调整养分比例。试验点土壤测试结果显示土壤缺磷较为明显,由此施肥方案调整为:

施肥量:N 12 千克/亩,P_2O_5 6 千克/亩,K_2O 7.5 千克/亩。

肥料运筹:

基肥:45%配方肥(18—12—15)38 千克/亩+过磷酸钙 12.5 千克/亩(折合每小区配方肥 17.1 千克、过磷酸钙 5.6 千克)。

追肥。拔节肥:第一节定长后,尿素 12 千克/亩+氯化钾 3 千克/亩(折合每小区尿素 5.4 千克、氯化钾 1.35 千克);根外追肥:齐穗后叶面喷 0.3%KH_2PO_4 和 1%尿素混合液。

田间布置见图10-3。

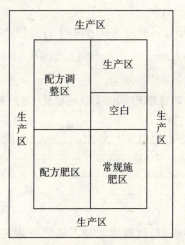

图 10-3 田间布置图

2011 年 10 月 23 日播种,播种量为 13 千克/亩,行距约为 22 厘米。2012年6月上旬收获。各处理除养分管理不同外,其他栽培管理技术与当地农民习惯一致。

生长期间认真观察记录小麦生长发育情况,收获时按小区分别收割计产。

(2)试验结果

①不同处理对小麦生长发育的影响。各处理对小麦生长发育情况的影响见表10-5。

表10-5 各处理对小麦生育进程的影响

处理	播种期(月/日)	出苗期(月/日)	分蘖期(月/日)	越冬期(月/日)	返青期(月/日)	拔节期(月/日)	抽穗期(月/日)	扬花期(月/日)	成熟期(月/日)	全生育期(天)
常规施肥	10/23	10/30	11/20	12/25	2/5	3/10	4/18	4/23	5/28	217
推荐施肥	10/23	10/30	11/20	12/25	2/5	3/10	4/18	4/23	5/30	219
不施肥	10/23	10/30	11/20	12/25	2/5	3/10	4/18	4/23	5/26	215
配方调整	10/23	10/30	11/20	12/25	2/5	3/10	4/18	4/23	5/30	219

从表10-5可以看出,各处理之间小麦生育进程差异不显著。

②不同处理对小麦经济性状及产量的影响。不同处理对小麦经济性状及产量的影响见表10-6。

表10-6 不同处理对小麦经济性状及产量的影响

处理	株高(厘米)	穗长(厘米)	亩穗数(万/亩)	穗粒数	千粒重(克)	产量(千克/亩)
常规施肥	74	7.1	30.2	37.4	39.2	443.7
配方肥	75	7.7	37.1	37.9	39.5	556.1
不施肥	55	5.7	22.3	16.0	37.1	132.1
配方调整	75	7.7	39.4	38.1	39.8	597.3

从表10-6可以看出,与常规施肥和不施肥处理相比,配方肥及配方调整处理能明显改善小麦的经济性状,提高小麦产量;与常规施肥处理相比,配方肥及配方调整处理的产量分别提高25.3%和34.6%。

附录

一、植物营养元素缺乏症检索简表

A1 老叶病症
  B1 不易出现斑点
    C1 新叶淡绿色,老叶黄化,焦枯,早衰 …………… 缺氮
    C2 茎叶淡绿或呈紫色,生育期延迟 ……………… 缺磷
  B2 容易出现斑点,脉间失绿
    C1 叶尖及边缘先枯焦并出现斑点,症状随生长期而加重,
      早衰,小,茎细 ……………………………… 缺钾
    C2 叶小,斑点开始在叶脉两侧出现,生育期推迟 ……… 缺锌
    C3 主脉间明显失绿,有多种色彩斑块,有坏死斑点,茎细 ……
      ………………………………………………… 缺镁

A2 嫩芽病症
  B1 顶芽枯死,嫩叶变形或死亡
    C1 嫩叶初呈钩状,后从叶尖和叶缘向内死亡 ……… 缺钙
    C2 嫩叶基部浅绿,从叶基起枯死,开花结果不正常,
      生育期延迟 ……………………………………… 缺硼
  B2 顶芽不枯死,但缺绿或萎蔫,无坏死斑点
    C1 嫩叶萎蔫,无失绿,茎尖弱,果穗发育不正常 ……… 缺铜
    C2 嫩叶不萎蔫,有失绿

D1 坏死斑点小,脉间失绿 …………………… 缺锰
D2 无坏死斑点
　　E1 叶脉仍绿,脉间失绿,发展到整片叶呈淡黄色
　　或发白 …………………………………… 缺铁
　　E2 叶脉失绿,失绿均一,生育期延迟 ……… 缺硫

二、植物营养元素缺乏症与过剩症易发现部位示意图

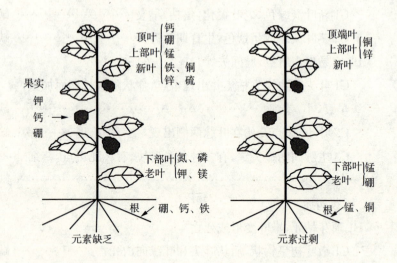

三、配方施肥建议卡参考式样

水稻配方施肥建议卡（地力分级氮磷钾比例综合配方方法）

稻别	田土类型	常年产量	施肥总量			基肥			蘖肥			幼穗肥	孕穗肥
			尿素	过磷酸钙	氯化钾	碳酸氢铵	过磷酸钙	氯化钾	插后5~7天尿素	插后12~14天		尿素	尿素
										尿素	钾肥		
早稻	高肥田	350以上	20	20	7.5	18	20	5	4	5	2.5	4	1
	中肥田	250~350	17.5	17.5	7.5	15	17.5	5	3.5	4.5	2.5	3.5	1
	低肥田	250以下	15	15	6.0	13.5	15	3	3	4	2	3	0.75
晚稻	高肥田	350以上	20	20	7.5	15	20	4	4	5	3.5	4	2
	中肥田	250~350	17.5	17.5	7.5	13	17.5	3	3.5	4.5	3.5	3.5	0.75
	低肥田	250以下	15	15	6.0	11.5	15	3	3	4	3	3	1.5

说明：

1.按每千克尿素等于3千克碳酸氢铵计算。

2.幼穗肥于主苗幼穗半粒长时施入，亦可按生长期推算：早稻早熟种于播后50天左右施肥，中熟种于播后60天左右施肥，迟熟种于播后70天左右施肥；晚稻早熟种于播后65天左右施肥，中熟种于播后75天左右施肥，迟熟种于播后85天左右施肥。

3.孕穗肥于全田有一半剑叶全部露出叶鞘时施入，若禾苗不退黄可不施。

四、测土配方施肥土样采集标签

统一编号:(和农户调查表编号一致)

采集时间: 年 月 日 时

采集地点: 省 县 乡(镇) 村

农户名:

地块在村的(中部、东部、南部、西部、北部、东南、西南、东北、西北)

采集深度:① 0~20 厘米;②_____厘米(不是 0~20 厘米的,请注明)

采样点数:_____个(该土样由 7~20 个点混合)

经度:_____度_____分_____秒

纬度:_____度_____分_____秒

采样人: 联系电话:

五、主要作物养分含量表

作物	果实			茎叶		
	氮(%)	磷(%)	钾(%)	氮(%)	磷(%)	钾(%)
水稻	1.212	0.300	0.370	0.773	0.130	1.804
玉米	1.465	0.317	0528	0.748	0.412	1.266
小麦	2.160	0.370	0.425	0.565	0.067	1.280
棉花	3.920	0.628	0.921	1.167	0.245	1.731
油菜	3.966	0.679	1.236	0.782	0.149	1.506
大豆	6.272	0.636	1.713	1.289	0.173	1.287
花生	4.182	0.305	0.723	1.343	0.127	0.841
豌豆	4.377	0.410	1.100	1.400	0.153	0.415
大麦	2.016	0.287	0.838	0.479	0.103	1.099
高粱	1.326	0.385	0.397	0.436	0.170	1.206
谷子	1.456	0.267	0.592	0.595	0.068	1.718
荞麦	1.100	0.180	0.230	0.850	0.310	1.810
蚕豆	3.959	0.534	1.100	4.160	0.100	1.102
红豆	5.850	1.450	2.500	1.195	0.810	0.495
红薯	0.671	0.264	0.596	1.453	0.296	1.333
马铃薯	1.167	0.181	1.259	0.987	0.086	0.668
芝麻	3.028	0.688	0.502	0.386	0.107	2.107
烤烟	2.634	0.184	1.849	1.626	0.286	2.714
甘蔗	0.221	0.048	0.295	0.061	0.081	0.470

六、主要作物单位产量养分吸收量

作物	收获物	形成100千克经济产量所吸收的养分量（千克）		
		氮(N)	五氧化二磷(P_2O_5)	氧化钾(K_2O)
水稻	籽粒	2.25	1.10	2.70
冬小麦	籽粒	3.00	1.25	2.50
春小麦	籽粒	3.00	1.00	2.50
大麦	籽粒	2.70	0.90	2.20
玉米	籽粒	2.57	0.86	2.14
谷子	籽粒	2.50	1.25	1.75
高粱	籽粒	2.60	1.30	1.30
甘薯	鲜块根	0.35	0.18	0.55
马铃薯	鲜块根	0.50	0.20	1.06
大豆	豆粒	7.20	1.80	4.00
花生	荚果	6.80	1.30	3.80
棉花	籽棉	5.00	1.80	4.00
油菜	菜籽	5.80	2.50	4.30
芝麻	籽粒	8.23	2.07	4.41
甜菜	块根	0.40	0.15	0.60
黄瓜	果实	0.40	0.35	0.55
茄子	果实	0.30	0.10	0.40
番茄	果实	0.45	0.50	0.50
胡萝卜	块根	0.31	0.10	0.50
萝卜	块根	0.60	0.31	0.50
洋葱	葱头	0.27	0.12	0.23
芹菜	全株	0.16	0.08	0.42
苹果（国光）	果实	0.30	0.08	0.32
葡萄（玫瑰露）	果实	0.60	0.30	0.72

参考文献

[1]钱晓刚.化肥施用技术[M].贵阳:贵州科学技术出版社,2007.

[2]姚素梅,陈翠玲.新型肥料施用指南[M].北京:化学工业出版社,2011.

[3]沈阿林,王宁.新编肥料实用手册[M].郑州:中原农民出版社,2004.

[4]朱必翔.科学施肥技术问答[M].合肥:安徽科学技术出版社,2009.

[5]黄照愿.科学施肥(第二版)[M].北京:金盾出版社,1997.

[6]崔增团,顿志恒.测土配方施肥实用技术[M].兰州:甘肃民族出版社,2008.

[7]高祥照,马常宝,杜森.测土配方施肥技术[M].北京:中国农业出版社,2005.

[8]黄桂兰,吴人贵.高效科学施肥技术[M].重庆:重庆大学出版社,2009.

[9]程明芳,何萍,金继运.我国主要作物磷肥利用率的研究进展[J].作物杂志.2010,1:12~14.